U0267595

站在巨人的肩上
Standing on the Shoulders of Giants

TURING 图灵新知

超展开数学教室

赖以威 | 著
NIN | 绘

人民邮电出版社
北京

图书在版编目（CIP）数据

超展开数学教室 / 赖以威著 ； NIN绘. -- 北京 ：
人民邮电出版社，2022.3
（图灵新知）
ISBN 978-7-115-56743-7

Ⅰ. ①超… Ⅱ. ①赖… ②N… Ⅲ. ①数学一普及读物
Ⅳ. ①01-49

中国版本图书馆CIP数据核字(2021)第137624号

内 容 提 要

这是一本书写数学与青春校园故事的"轻小说"，讲述了一位立志让学生爱上数学的老师和一群令人头疼的高考补习生的故事。每一篇前面都用漫画引出让人感兴趣的生活化的数学问题，在讲述各个角色学习和成长的点点滴滴中，巧妙引入微积分、概率学、统计学、最优化理论等数学知识。作者采用以学生学习而不是灌输知识为中心的"翻转教学"方法，将数学与生活紧密结合，拉近数学与生活之间的距离。

本书适合对数学和算法感兴趣的大众读者阅读。

◆ 著　　　　　赖以威
绘　　　　　NIN
责任编辑　戴　童
责任印制　周昇亮

◆ 人民邮电出版社出版发行　　北京市丰台区成寿寺路11号
邮编　100164　　电子邮件　315@ptpress.com.cn
网址　https://www.ptpress.com.cn
北京鑫丰华彩印有限公司印刷

◆ 开本：880×1230　1/32
印张：8.5　　　　　2022年3月第1版
字数：196千字　　　2022年3月北京第1次印刷
著作权合同登记号　图字：01-2020-4951号

定价：69.80元

读者服务热线：(010)84084456-6009　印装质量热线：(010)81055316
反盗版热线：(010)81055315
广告经营许可证：京东市监广登字 20170147 号

版权声明

目录

第三部　用数学抢救老师大作战

欣妤
手机爱好者，比起用嘴更常用手指说话。
云方
因为崇拜启蒙他的老师，又热爱数学，决定放弃工程师的工作回学校，从代课老师做起。
积木
沉稳有礼，专长是抄笔记，却不理解自己抄了什么。

人物介绍
商商
内向害羞却又常忍不住补充知识，被阿叉称为“文科的女超人”。
11
阿叉
篮球校队成员，对学习没兴趣，最常做的休闲活动是打球。
孝和
爱逃学，传说中会对老师使出“孝和的面试时间”的数学天才。

第一部

不上数学的数学课

从小，云方
就没有朋友，
在学校总是
孤零零的。
大家讲什么
他都没兴趣，
只喜欢数学。

他就像深
海里的安
康鱼，
悠游在数
学的黑暗
与压力中。
Historically, English
originated from the
Historically, English
originated from the
$14=1\times2^3+1\times2^2+1\times2^1+$
$(14)_{10}=(11$
$2)_3=(1110)_2$
他知道自己
很怪，所以
平时隐藏得
很好。

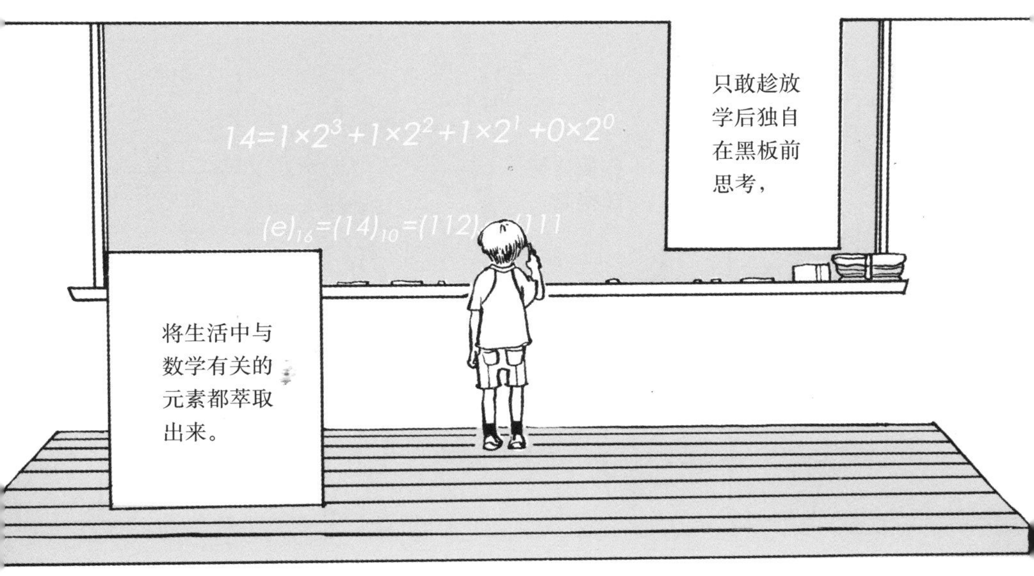
只敢趁放
学后独自
在黑板前
思考，
$14=1\times2^3+1\times2^2+1\times2^1+0\times2^0$
将生活中与
数学有关的
元素都萃取
出来。

!?
完蛋了！
你是个
拥有
数学脑的人。
这是
很难得的
天分，
你要好好
珍惜噢。
因为数学，
他第一次
被称赞。

如今云方的生活依然充斥着数学。
伞离地表 190 厘米，伸直前臂，伞的位置刚好可以遮雨。
30cm
50cm
190cm
67°
讨厌！鞋子都湿掉了！
因为那句话，因为那位老师，
多年后，云方来到辅导学校当数学老师，
不理 不睬
那么，下一题是…
他想尽情和学生分享数学的乐趣。然而迎接他的现实却是……

念书？
我最讨厌念书，
都是被家里逼的！
反正以后
等考上大学
就好啦！
考上大学后，
就能痛快玩啦！
对了，
你认识全校
第一名？
孝和？
我好朋友啊，
他常逃学。
但那优等生可以
拉高平均成绩，
老师也没辙！
居然
还在上课
给我运球！！
成绩好就有特权，
切！

我们不就是不喜欢数学才会来到这个班吗？
居然还有数学课，有没有搞错？
真赖皮！
受不了啊
我也想要混混时间，可惜爸妈非让我考大学！
只好在这里混时间，不然没零用钱了，哈哈哈哈！
下课要去哪吃？
都可以
商商，你在干吗啊？
这些学生……
根本没有半个在听课！
难怪那些老师……
他要去教那个班耶
真可怜…
不管怎么样，交给我吧！

这个辅导班，在某种程度上可以说是最糟糕的组合了。

老师云方，一位拥有数学脑的数学狂热分子，喜欢将一切事物都用数学语言表示。在他眼里，方程式不只出现在考卷和习题中，每道式子就是一句话，为了描述某个现象而存在。雨天时，他会算出最佳的撑伞方式；如果有女生问他怎样穿搭最美，他会认真利用黄金比例帮对方计算；他甚至以为，要是在展望台上跟女孩子聊“假设展望台高 250 米，我就可以看到 56 千米以外的景色噢”，女孩子就会因此倾心于他。

因为热爱数学，因为想成为像当年那位一句话改变他人生的老师，云方回到了学校，成为辅导班的老师。

这个辅导班的学生们都有强烈个人风格：篮球校队的风云人物、喜欢历史的内向高才生、家族企业精心栽培的第二代以及手机不离手的时尚女生。这几位学生唯一的共同点就是——不喜欢数学，而且他们上数学课时还常影响到他人的学习。试想，要是上课时有人在旁边运球，有人一直在学习其他科目，还有个人不来但考试永远比你高二十分，你不受到影响才怪吧。

因此，在放学的课后辅导时段，他们被校方集中管理。没有老师愿意在他们身上浪费时间，因此这件苦差事就落在了刚辞掉工程师工作回学校担任代课老师的云方身上。

最喜欢数学的老师与最不喜欢数学的学生，这是场矛与盾的对决。

刚开学的第一回合，没教书经验的云方不知道怎么引起学生兴趣，只会照本宣科地念课本、讲解习题。他以为上课就像歌手打歌，只要重复播放，久而久之学生就会听进去，喜欢上数学了。但他不知道，住在火车铁道附近的居民，可能一辈子都还是讨厌火车的噪声，也鲜有人会像哼歌一样，边走边发出火车车轮撞击轨道的声响。重点不在于持续轰炸的时间，而在于对事物本身是否感兴趣。

更正确地说，事物有趣的地方是否被正确地呈现出来。

一个月下来，云方对教职的热忱快速折损。能与数学为伍，成为支持他持续踏进教室的唯一动力。至少，此刻他可以尽情在黑板写算式，没人会觉得他怪（真相是，他不写算式，人家就会觉得他怪）。在不断的刺激下，原本刻意隐藏的数学脑越来越被激活，越来越容易在不经意间展露出来。最终，这组速配指数比绝对零度还低的师生组合，在老师彻底失控，大谈课本外的知识后，即将蜕变成一系列前所未有的“超展开”数学课。

01

微分等于 0 时请转弯

虽然说直线距离是最短路径，却不一定是“最快”路径。不然啊，光从空气到水中就不会转弯了。这叫作折射定律：入射角、折射角的正弦值和空气、水中的光速成正比。等等，不可以现学现卖，用最快路径逃离教室啊。

一个月后的课堂上
我周末跟孝和去看电影哎。
孝和？好学生也有时间看电影噢？
哎噢，这不重要，听我说。等孝和的时候，我看见一个女孩。
运气真好，
遇到这么漂亮的女孩。
她站在广场对面，正要过马路。
不是去看电影吗？
我跑过去，可惜已经红灯了……或许我跑慢了吧。
你是直线跑过去的吗？
哦，老师偷听我们讲话。
对啊，有两道反方向的人潮，
人超多，害我钻得很辛苦！
你本来可以追上她的！

“K 个人排队的所有可能为 $K\times(K-1)\times(K-2)\times\cdots\times1$，写作 $K!$。”

云方对着黑板解释，没意识到自己完成了“不愿意正面面对学生反应”这项成就。视角余光里的四人组排成俄罗斯方块的方形。商商坐在最前面，右后方是翘着椅子的阿叉，商商后面的欣妤边玩手机边跟阿叉聊天。

第一次听到阿叉是校队先发小前锋时，云方差点脱口而出“流川枫的位置吗”，但他不确定现在的学生有没有看过《灌篮高手》。

“黄濑凉太的位置吗？”他去漫画店研究了一番后，在隔周的课堂上这么说，企图拉近师生的距离。

“想不到老师竟然看过《黑子的篮球》耶。”阿叉瞪大了眼睛，“不过我比较喜欢别人说我打流川枫的位置，他才是我的偶像。”

“成天笑嘻嘻、上课大声讲话，跟我视线交会时也不会不好意思，还笑着问我‘怎么了吗’，这跟流川枫一点儿都不像吧。”云方在心里嘀咕。

※

“但如果 K 个人里面有 M 个人长得一样……嗯，这例子怪怪的，如果是 K 张椅子排成一列，其中有 M 张椅子一样，要除以 $M!$……”

云方身后传来阿叉跟欣妤的对话。

“我上周末跟孝和去看电影。”

“孝和？全校第一名的好学生有时间看电影噢？”

“这才气人，孝和根本没念书，超级不公平。不过我也常翘练球，但还是先发球员，很多人也觉得不公平吧。”

“两个男生怎么想起去看电影了？”

“这叫作 men’s talk。你们女生可以牵手上厕所，男生当然也可以一起看电影。这不是重点，重点是孝和很爱迟到，我刻意晚二十分钟出门了，还是得等他。还好我没有先买票，不然……”

“你们看哪一部啊？”

“噢，我们看……”

云方的板书没停，注意力却逐渐转移到学生的对话上。

“我在广场上等孝和，手机没电，只好东张西望。因为手机没电，我才会乱看，正巧看见那位女孩。”

“你不是去看电影吗？”欣妤翻了白眼，但阿叉依然没意识到自己被挖苦，继续说：“她站在红绿灯路口，一看到她，我顿时呼吸困难。我只犹豫了一秒，就朝她的方向走去，越走越快，越走越快，最后跑了起来，像道光一样，咻地穿越了广场上的行人。”

云方回头，看着阿叉比手画脚地重现他如何推开行人，勇往直前的模样。积木也转头听他说话，只剩商商依然把脸埋在刘海后头，专心读历史。

欣妤问：“结果呢？”

“结果跑到一半绿灯亮起，她过马路了。”

“百分百的女孩你这样就放弃了？”

阿叉双手一摊，说：“我原本当然想闯红灯冲过去啊，但后来想想，连全力冲刺都没追上她，或许就不该强求。也许是我跑慢了吧——”

听着对话，云方心中浮现一股不协调的感受，他发问：“你是直线跑过去的吗？”

所有人将视线转向讲台，云方顿时觉得自己被好几把狙击枪锁定了，下意识举起双手。

“哦——老师偷听我们讲话。”

明明课堂上聊天不对，阿叉却反过来呛起云方。

“对啊，我直线跑过去的。在下可是全年级短跑第一名，百米11.3秒纪录的保持者。”

“广场上有很多人吗？”

傲人的纪录被忽视，阿叉摆出受伤的表情回答：“有两道相反方向的人潮，人超多，害我钻得很辛苦。”

果然，云方知道问题在哪里了，正确地说是数学脑找到问题所在了。还在犹豫要不要解释时，他已经听到自己的声音说出：“你本来可以追上她的。”

“啊？”

“直线是最短路径，但不是最快路径。”云方像机器人似地旋转180度，在黑板上画起了示意图。

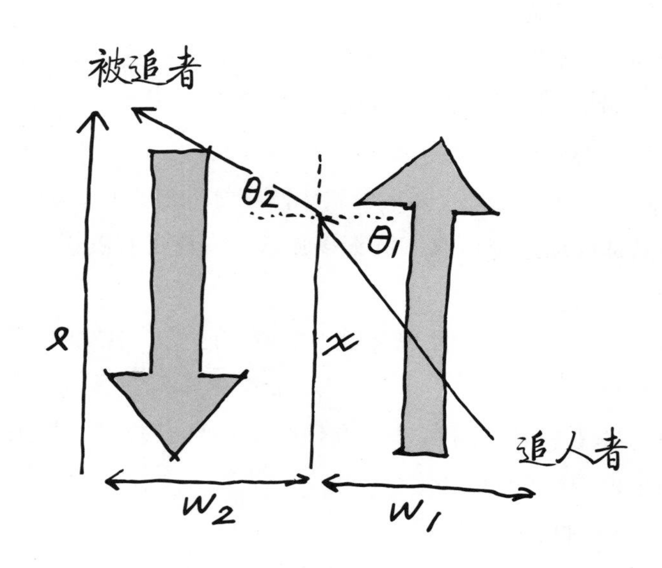

“穿越广场时，通过两道人潮的最快速度不会相同。好比逛夜市，忽然想吃另一侧的摊位，要是摊位在前面，加快脚步就能很快抵达。但要是摊位在后头，就只能推开人群，缓慢穿过反向人潮。”

云方对阿叉说：“假设你在广场东南角，对方在西北角。因为最短距离是对角线，所以你沿着对角线奔跑，但是实际上，你冲刺穿越‘向北人潮’的速度会比穿越‘向南人潮’快得多。所以你应该可以在跑得快一点的‘向北人潮’中多跑一些距离。”

“可是偏离对角线，动作路径会加长。”

云方微微讶异，他没想到阿叉能说出这么有数学概念的意见。看来他们的程度不差，只是不喜欢上课罢了。

“没错，但别忘记，我们的目的不是最小化跑步的距离，而是最小化追上对方的时间。所以这是一个两难的处境，在向北人潮中跑得越久，尽管可以跑得更快，但动作路径会增加。

“这时候就得用数学求出最佳的奔跑策略。令向北人潮与向南人潮中的最快移动速度各自是 v_1 与 v_2，两道人潮的宽度是 w_1 与 w_2，在向北人潮里往北移动的距离为 x，广场南北的长度是 ℓ。再利用勾股定理：直角三角形斜边长为其他两边平方和的开方，移动时间为移动距离除以移动速度，可以算出移动所需的时间 t 为

$$t=\frac{\sqrt{w_1^2+x^2}}{v_1}+\frac{\sqrt{w_2^2+(\ell-x)^2}}{v_2}$$”

黑板上浮现一个公式，简单利落地整理出云方刚才的一番话。

当然，恐怕只有云方自己认同“简单利落”这四个字，阿叉和其他人瞪大了双眼，毫无反应。

“这个式子里，x 是可以调整的变量。为了要最快跑到女孩身边，我们再利用微积分求极值。将上面的时间式子对 x 微分，

$$\frac{dt}{dx}=\frac{x}{v_1\sqrt{W_1^2+x^2}}+\frac{-(l-x)}{v_2\sqrt{W_2^2+(l-x)^2}}$$

极值出现在微分结果为 0 之处，整理后可得

$$\frac{x}{v_1\sqrt{W_1^2+x^2}}=\frac{(l-x)}{v_2\sqrt{W_2^2+(l-x)^2}}$$

再令 θ_1 与 θ_2 是从第一道人潮进入第二道人潮时的入射角与折射角，对应的正弦函数为

$$\sin\theta_1=\frac{x}{\sqrt{W_1^2+x^2}},\ \sin\theta_2=\frac{(l-x)}{\sqrt{W_2^2+(l-x)^2}}$$

它们都与 x 有关。因此，最佳的 x 可以用最佳的入射角与折射角表示，结果为

$$\frac{\sin\theta_1}{\sin\theta_2}=\frac{v_1}{v_2}$$”

云方的数学脑全速运转，学生们难得没聊天盯着黑板，让他开心得不得了：“式子告诉我们：给定通过两道人潮的最快速度 v_1 与 v_2，

我们必须调整进入不同人群的入射角和折射角，依据两个角度的正弦值比例等于速度比例，做到最快地追上人。有趣的是，这个式子恰好是用来描述光行进路线的折射定律：经过不同物质，会产生折射。要是你真的如同光一样，依照最佳折射角度奔跑，说不定就能追到她了。”

云方的解释一气呵成，脸上露出满足的表情。转头一看，只见所有人动也不动地望着他，仿佛在玩一二三木头人，他不是老师，是回头监视其他人的鬼。

“嗯……折射定律就是那个，把筷子斜斜摆进水杯里，筷子看起来就像从水面开始断成两截。以前初中应该做过实验吧。不懂吗？没教折射定律吗？”

木头人依然没有动作。

“那微积分呢？啊，微积分好像高中也教过的，不然我们先从极限讲起，所谓的极限啊……”

关上数学脑的云方这才发现，大家根本听不懂他的话，赶忙设法解释。慌乱归慌乱，但他还是隐约注意到，这是当老师一个月以来，首次讲解数学知识时学生肯专心听。

停滞在师生间的空气，第一次流动了。

可以听我再说一些话吗…

最优化问题

没有数学，我们依然可以完成一件事情，但唯有靠数学，才能把一件事做到最好。从上面的例子来说，不需要任何运算，谁都可以从广场的一个角落跑到另一个角落。但一定要透过数学分析，才能知道该怎么跑时间最短。安排产品生产流程、时间分配，甚至篮球队调整队员的上场时间、不同队员的组合搭档，都有数学家在分析、量化，找出最优解。最优化问题，是一个对人类生活影响相当大的数学领域。

02

藏在餐厅爆红现象里的数学秘密

人类虽然贵为万物之灵，但一群人的集体行动往往跟其他动物没有两样。好比说网络推荐的热门餐厅，它们变得有名的过程，就像蜜蜂在寻找新巢的过程。

哎，我还没讲完，为什么急着去吃饭了？！那家餐厅我去过，是“地雷”噢。

同学们，
周末去这家意大利餐厅好吗？
它在网络上很红，看起来好好吃噢。
隔一周……
等一下再说吧，上课聊天对老师太失礼了。
唔，没关系。说起意大利面啊，我最喜欢奶油培根口味……
上网找餐厅，其实很像蜜蜂寻觅新蜂巢基地。
网络时代，餐厅只要有特色，就会透过博客、社交软件传开。
我对食记最没抵抗力了，因为食记，我吃过比脸还大的松饼、比手还小的比萨。
博主用完餐后分享对餐厅的评价，相当于蜜蜂跳舞。蜜蜂会受侦察蜂吸引，一起加入侦察行列。
蜜蜂筑新巢时，会先派出侦察蜂。
侦察蜂发现适合的场所后，便会在其他蜜蜂前跳舞。
名店与新蜂巢的突现现象就这样产生了。
老师，请问什么是突现现象？

一周了，数学脑暴走下的“光线最快路径”事件仿佛不曾发生过。学生不觉得云方奇怪，但也没有跟他拉近距离。

一切看似没有改变，除了云方自己。

他表面上依然在讲课，但其实将自己当成一台打印机，无意识地将参考书上的解答打印到黑板。他专心听学生聊天，等待插嘴的时机。讲台和学生座位间的壕沟意外成功了搭起一次桥梁，他希望能再搭起第二次、第三次。

抱持着这个想法，云方成了一位“上课时专心听学生聊天”的老师。

※

“看来今天也没机会了……”云方牌打印机无力地写下代表解题完成的“#”号。

“同学们，周末去这家意大利餐厅好吗？好多评论都在讲，它的意大利面是手工制，装潢又漂亮。喏，看桌上摆的这些蕾丝，据说是从意大利威尼斯的蕾丝岛上买回来的，好美噢。”

欣妤把手机递给积木。没手机的年代，学生的身心被局限在教室里，基于无聊，多少会听老师上课。手机突破教室的实体限制后，就像凿开了看不见的下水道，学生的注意力全都顺势流出教室。想跟网络比赛谁能吸引学生注意力，老师一点胜算也没有，云方感叹着。

“晚点好吗？现在还在上课。老师，对不起。”

积木转头回复欣妤，再向云方道歉。一个小动作就透露出他良好的家教。

“唔，没关系，你们看吧。说起意大利面啊，我最喜欢奶油培根意大利面（Carbonara）。100 克面条、一枚鸡蛋、50 克培根、帕马森起司、黑胡椒……”

云方自暴自弃，流利地背出满是数据的食谱。

“培根换成猪颈肉更好……”

听到不该出现在课堂上的食谱，阿叉瞥了云方一眼，商商依然低头念历史，云方留意到她挂在铅笔盒上的吊饰。仔细一看，竟然是电子游戏《三国无双》的美型版赵云玩偶，怎么会有女生拿这个当装饰？

“该不会，商商是传说中对历史很有兴趣的‘历女’吧？”

明明在想别的事情，忽然，就像满足条件后会自动打开的藏宝箱，宛如上周的状况，云方下意识地说出：“欣妤这样透过网络找餐厅的行为，其实跟蜜蜂寻觅新蜂巢基地的过程很相似。网络时代只要有特色，任何一家餐厅都会透过博客、社交软件传播开来。只要一开幕，隔天网络上立刻会出现许多食记。”

“我对食记最没抵抗力了，之前才因为食记去吃了一块比脸还大的松饼，隔一周又去吃了比手还小的比萨。”

阿叉用手比出松饼和比萨的大小，云方继续说：“当蜜蜂打算筑新巢时，会先派出侦察蜂探索。这个动作呢，就相当于平日时时留意是否有新店家开幕的美食博主。侦察蜂发现适合的场所后，便会回到蜂巢，在其他蜜蜂前跳舞，用跳舞来描述场地有多棒。”

“蜜蜂会跳舞？”

欣妤皱起眉头，一脸怀疑。

“美食博主去餐厅品尝料理，拍照、回家写博客，分享他对餐厅的评价，就相当于蜜蜂跳舞。蜂巢里的蜜蜂看着各只侦察蜂翩翩起舞后，有兴趣的会一起加入侦察行列，也飞去那个场地看看。读过美食博客的网友们，则会在博主大力推荐下，决定去那间餐厅。吃完后，特别有感觉的人也会上网分享心得。于是，蜜蜂越来越只看

得到从最佳新巢候选地回来的蜜蜂卖力演出，网络上越来越容易找到关于这家店的信息；更多蜜蜂想去一探究竟，更多人想去那家店。名店与新蜂巢的突现现象（emergence）就这样产生了。”

积木举起手，得到云方同意后起身发问：“老师，请问什么是突现现象？”

相较于其他学生随兴的态度，积木的彬彬有礼反而让云方不习惯。他回答：“突现现象是指，一些很简单的元素或行为，因为彼此的影响，最终形成一个复杂的整体。就像蚂蚁窝，明明蚂蚁的行为那么单调，却能挖出复杂的蚁巢。或是……”

云方把后半段话吞回肚子里。

他原本想说：“像学校，明明学生都很单纯，但一群学生聚起来的班级却让老师头疼得不得了。”第一，学生一点儿也不单纯；第二，刚才说例子里的蚂蚁很笨，现在又把学生放进例子里，听起来像是拐个弯骂他们。他赶忙转移话题：“还有啊，蜜蜂对新巢表示意见的舞蹈，会有一定的衰退率。第一波回来的蜜蜂跳起舞来最卖力，第二波、第三波的蜜蜂越跳越简单。”

“简单是有多简单？”

阿叉打断云方的话，转了转手臂做出热舞的姿势。欣妤回答：“从少女时代变成学校热舞社吗？”

欣妤在“热舞社”三个字上加重语气。

“有人对热舞社不满噢？他们人还不错啊。”

阿叉坐着跳起舞来，不愧是篮球校队成员，运动细胞好的人稍微动一下，就很有律动的感觉。

“只有你才这样觉得。我上高一的时候去过，他们劈头说我协调性不好，搞什么啊，我小时候可是练过芭蕾舞的。”

“既然这样，你好好练一下，给他们点儿颜色瞧不就好了。干吗退社？”

“我才不想被批评咧。很多事情原本没有，说着说着就会有了。要是在那里待下去，搞不好我的协调性会因此消失。”

“根本是歪理嘛。”

“语言本身就是轻微的催眠，一直听到‘不可能’，原本可以做的事情也会做不出来。”

这么说的确很有道理，等等，此刻已经不是专心听他们聊天的时候了。云方抢回发言权：“所以啰，不热门的蜂巢候选地已经少有蜜蜂造访了，晚去的蜜蜂回来又爱跳不跳的。展现力递减，可以让较差的新巢候选地更快被忽略。回到找餐厅的事，如果是开幕第一天，或者博主是第一位写这家餐厅的食记的人，那写起来通常比写烂的老餐厅时兴致更高，内容丰富得多。”

“这样说来，人类其实没聪明到哪里去，做的事不但跟蜜蜂差不多，还得靠网络。蜜蜂只要扭扭屁股就可以了。”欣妤感叹道。

云方心想：“不是才说语言有催眠效果吗，这样讲真的会变得比蜜蜂还笨噢。”然后接着回答：“不尽然，人类还是比蜜蜂聪明的。例如蜜蜂里没有‘找巢达蜂’，但我们有‘美食达人’。人类会根据一位博主推荐过的餐厅，以及那家餐厅实际的状况，反推博主的评鉴能力。换句话说，每一位推荐者的推荐能力不同，有一定的加权指数，加权数值就是名气。”

“就像《食尚玩家》。”阿叉弹了个响指。

“没错，从数学上来看，这样能提升找到最佳餐厅的速度。但现实生活中，有些时候美食达人会因为身份得到特别待遇，进而影响到评价的公正性。”

“好比说，侦察蜂遇见小熊维尼，维尼用一大堆花粉去贿赂侦察蜂，请他推荐一下最好的新蜂巢居处，采光好、温度适中，还可以让维尼定期去偷吃蜂蜜。”

阿叉接着说。能这样用自己的话说明，就表示已经完全理解了。云方感到欣慰，心想或许这是他第一次教懂学生一个观念。他点点头下结论：“人类绝对比蜜蜂聪明，但这样的聪明，或许不一定总是好的。”

讲台跟台下之间终于又搭起了一次桥梁。欣好回答：“原来如此，这就叫聪明反被聪明误。积木，还是这家美式餐厅好了，刚好有促销活动，你觉得呢？”

“我比较喜欢吃汉堡。”

“我去过那家，很棒，我可以跟着去吗？”

“你不要来捣乱。”

“这是拿蜜蜂来解释人类行为，但也有反过来参考生物行为而设计的技术，称为仿生算法……”

云方的声音被淹没在学生的闲聊中。桥梁只维持几秒，马上又被冲垮了。

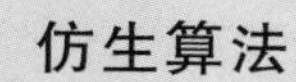

仿生算法

科学家借由观察生物行为，将这些行为用数学归纳、分析后，发展出许多解决问题的方法，这些方法统称为“仿生算法”。例如本篇介绍的蜜蜂找蜂巢，就有一种叫作蜂群优化（bee colony optimization）的算法。当要从一群对象中寻找出一个最适合的单元时，计算机程序会“放出”许多虚拟小蜜蜂，虚拟小蜜蜂就会像找蜂巢一样，靠探索、跳舞来找出最佳的对象。晚一点，我们还会介绍另一种仿生算法，是模仿蚂蚁的噢。

03

你说的话是几进制？

同样一句话，文言文只要几个字，白话文却要一长串。进制也是，同一个数字七，用十进制表示是 7，用二进制表示是 111。越低的进制系统，表示法会越长。
什么，听不懂老师说的话？我明明讲的是白话文、是数学，才不是火星话！

听说，走下讲台
能和学生拉近距离
哦，老师！
不要偷看我的手机啦！
欣妤太扯了啦，玩手机还敢骂老师。
iPAD
老师对不起，可以给我点私人空间吗？
络上明明说要跟学生拉近距离，得走下讲台、近他们的啊。
唉……
啊！
什么？
嗯？商商在看什么？
她可是英文界里的女超人。
商热爱剪报啊，
这么厉害？那金卡孝和岂不是数学界的……
“侄子”的英文叫 nephew，但在 Globish 里是“the son of my brother”。
Globish 是一门有 1500 个英文单词的国际语言，
明明讲同样一件事，字数却变多了。
还是语文、历史、地理界的女超人。
老师，你说什么金卡？
噢，没事。那个，商商要不要跟大家分享一下剪报？
这就像“进制”啊！

要和学生拉近距离，就得离开讲台，走入课桌椅之中。

去学校的路上，云方默念手机屏幕上的句子。半小时后……

“老师不要偷看我手机啦。”才一走近，欣妤就对着云方大喊。

“我、我才没有咧！”

“欣妤你好过分，上课时间玩手机还敢骂老师。”阿叉笑着说。云方心想：“这个阿叉，上周才说我偷听他讲话，也半斤八两啊！”

“老师对不起，可以给我点私人空间吗？”

云方叹了口气回到讲台。今天的俄罗斯方块是横长条，除了欣妤在玩手机，其他人桌上都乖乖摆着课本。但课本里不只有 x、y、z 这些数学变量的英文字母，还多了不少英文单词、词组……

等等，根本是英文课本啊！

“明天全校英文测验，老师让我们自习吧。”

阿叉双掌合十求情。这所学校除了阶段考、模拟考外，每学期各科还会有一次全校考试，考试成绩前五十名的“领先集团”和最后五十名的“迎头赶上”都会被贴在公布栏上。

“老师——要尊重学生在课堂的私人空间噢。”欣妤边说边继续玩手机。连她桌上也摆着英文课本，只有商商桌上放了张剪报。

“商商在看什么？”

忽然被点到，商商全身抖了一下。

“啊！什么，这、这是……时事题，我平常会整理报纸的英文新闻。”

“课本都复习完了？”

明明是数学老师的云方却好奇起学生的英文复习进度，阿叉抢在商商前面回答：“她不需要看课本啊，老师你不知道吗？商商在英文考试界里，就像女超人。”

“语文科的女超人。”

“历史、地理科的女超人。”

阿叉跟欣妤一搭一唱。

“不过，商商在数学界里，大概就是马瑟姆彭·特科（Masempe Theko）了。”

“谁？”

“非洲莱索托的奥运游泳代表，他们国家只有一座符合奥运的泳池。2012 年伦敦奥运自由泳 50 米预赛时，马瑟姆彭游了 42 秒 35，比第一名整整慢了 18 秒。18 秒噢，第一名都快游两趟了。但她坚持游完整趟的运动家精神得到了全场鼓励。”

“虽然成绩不理想，但商商考数学都会坚持到敲钟才交卷。”

欣妤补充说明，她跟商商同班。

“商商文科这么厉害吗？”云方惊讶地提高音量，商商的头从往下 45 度变成 60 度，刘海下的双颊泛红，一手把玩挂在铅笔盒上的赵云玩偶。云方又问：“谁是学校数学最好的？”

“数学界的尤塞恩·博尔特（Usain Bolt）吗？”

“一定是孝和。”

云方曾听闻这位与日本和算大师关孝和同名的天才，据说班上只要有他，老师业绩就会跳三级。“要是这张‘加分金卡’落到我们班就好了。”云方幻想着。

“老师在说什么金卡？”

云方一愣，发现不小心说出了内心话，赶忙想办法转移话题。

“没什么。那个，商商女超人要不要跟大家分享一下你的剪报……‘全球化的英文 Globish’是什么？”

商商仿佛认命似地接受了“女超人”这个绰号，她小小声地说：

“Globish 是一位法国人提出的国际语言，宣称只要 1500 个英文单词，便能完成日常生活沟通的全球化英语。以‘侄子’为例，英文叫作 nephew，但在 Globish 里称为‘the son of my brother’。”

“比气垫鞋还伟大的发明！这样就不用背那么多单词。”

“失业（unemployed）呢？”

“No job.”

“好棒噢！”

众人讨论起各种艰涩单词该怎么用简单的几个单词描述。听了几个例子，云方脑海里出现一个影子向他挥手。

“讲同样一件事，字数却膨胀了，变得好长。”

欣妤的这句话，让云方脑海里的影子顿时变得清晰……

“进制，你们听过进制吗？我们常用的是十进制，从 1 数到 9，再往下数就得用 2 个数字表示，好比说，199 是一个 100 加上九个 10 加上九个 1。”

“本来就是这样啊，难道还有不同的数法吗？”欣妤反驳。

“有噢。好比二进制，十进制里的 2，在二进制之中表示作 10，意思是一个 2 加上零个 1，念作‘一零’，而不是‘十’。”

云方看大家不作声，继续举例：“60 秒为 1 分，60 分为 1 小时，就是六十进制。”

积木“噢”了一声，脸上露出“怎么以前没想过”的表情。云方受到鼓励，继续说下去：“换句话说，e、112、1110，全部都是同一个数——”

云方顿了顿，公布答案：“14。e 是十六进制的 14，112 是三进制的 14，1110 是二进制的 14。”

积木高高举起手，站起来发问：“老师，请问进制确切的意思是什么呢?”

“X 进制的意思是指，1 个位有 X 个不同的基本数字能用来表示另一个数字。我们暂且称这些基本数字为原子，二进制的每个位只有（0, 1）这 2 种原子；十六进制除了 0 到 9 外，还有 a、b、c、d、e、f 共 16 种原子。进制的计算过程是这样的，以十进制来说。”

云方在黑板上写下一串式子

$$14=1\times10^1+4\times10^0$$

“是 1 个 10 与 4 个 1（10 的 0 次方）加起来的。”

“本来就这样算的啊。”

欣妤不屑地说，觉得这是再理所当然不过的道理，干吗花时间讲?

“对，这式子看起来简单，却蕴藏了进制知识的关键。”

云方又写下

$$14=9+3+2=3^2+3^1+2\times3^0$$

“从这个表示法中可以看出，14 也可以写成 1 个 9（3^2）加上 1 个 3（3^1），再加 2 个 1（3^0）。因此三进制的 14 表示成 112。”

黑板上出现第三组关于 14 的等式，

$$14=1\times2^3+1\times2^2+1\times2^1+0\times2^0$$

“这式子解释了，为何二进制中 14 表示成 1110。至于十六进制，因为 e 是第 14 个原子，仅需 1 个位就能表示 14。”

云方放下粉笔，转身面对学生。

“从这边可以看见一则道理：**越高的进位制，可用越少位表示同一组数**。积木你说，啊，坐着就好。”

云方伸手制止又要站起来发问的积木，积木点头致意后，坐下来说：“请教老师，方才您提到的道理是因为，高进位制有更多原子可用的缘故吗？”

云方点点头说：“对，有更多原子可以用，每个位就能表达更多数。十六进制有很多原子，所以只需要 1 个位就可以表示 14 这个数。相反地，二进制原子很少，因此需要 4 个位才能表示 14。”

云方在式子旁画了三张图，都是从一个起点出发，有 14 个目的地，但中间的岔路却长得不同。他说：“我们可以这样想象进位制，从起点出发到 14 个目的地中的一个，十六进制是平行展开 14 条路，从 1 编号到 e。二进制是将 14 条路分成 4 组两两岔路，走的时候会依序遇到这些岔路。想走到十六进制的第 e 条路，得先走左侧（1），再走左侧（1），依然走左边（1），最后挑右侧（0）。”

“二进制连举例解释都好啰唆，怎么会有人想用。”欣妤埋怨。

云方指着欣妤的手机，说：“虽然二进制表示方法很复杂，但从另一个角度来说它却是最简单的。例如，电流只有开与关，所以手机里的运算都是二进制，只要能表示出 0 跟 1 就可以计算。”

“同样的数，二进制得用很多很简单的 0 和 1 才能表示，跟 Globish 好像。”

商商难得主动发表意见。众人纷纷安静下来听她说话。

“老师，文言文有许多艰涩的汉字，但通常比较短。我们能不能这样模拟：将古文看作十六进制，现在的白话文是四进制，Globish 则是二进制呢？”

云方完全没从这个角度想过，他觉得很新奇，此外，这还是跟语文界的女超人建立关系的大好时机。他想了想，商商手中露出半个头的赵云玩偶给了他灵感。

“可以。好比骂人，以前孔子只说‘巧言令色，鲜矣仁’，够精简吧。《出师表》是诸葛亮出征前上书刘禅，交付大小事情的重要文件。要是现在，这份报告肯定洋洋洒洒上万字，有 10 份表格、3 份附录，外加 2 页参考文献。但《出师表》只有 764 字，还包括了一句感性结尾‘今当远离，临表涕零，不知所言’。”

一听到三国历史，商商眼睛顿时发亮。她回答：“因为古代书写技术不发达，写字成本过高，人们只好想办法用能代表更多意思的单字吗？”

“或许噢，但是高知识浓度的文章，就像烈酒一样，不是每个人都喝得下去，限制了知识的普及……”

两个人越聊越起劲，沉浸在和学生互动中的云方没注意到，“加分金卡”此刻悄悄地在后门现身了。

可以听我再说一些话吗…

进位制

进位制可以解释成“当数大到某个程度后，就得多用一个位表示”。十进制时，数比 9 大就得用第二个位表示，二进制时，数比 1 大就得用第二个位表示。

一个式子里有不同进位制时，以十进制的 14 为例，可以表示成 $(e)_{16}=(14)_{10}=(112)_{3}=(1110)_{2}$，右下角的数字代表了进制，依序是十六进制、十进制、三进制和二进制。不同的进位制有不同的使用场合，日常生活中也不一定都只用十进制。好比说，一群人买饮料不是会画正字符号吗？五个人一个正字，正巧就是五进制。

04

计算纸里的白银比例

同一部影片可以在不同尺寸的手机、计算机、电视上看，这是因为比例的关系。只要比例相同，放大或缩小都没有问题。

嗯，我的意思不是要你们现在就用手机看影片。

商商一聊开就停不下来了呢。
孝和
老师，我可以旁听吗？
!?
这不就是传说中的孝和……
孝和
你原本的课呢？
擅自缺课，你的老师会担心吧？
还敢说！
不会，我刚刚是从漫画出租店过来的噢。
老师真的，这家伙有特权，
反正只是辅导班。
那我可以问上一堂课的进制问题吗？
好啊。
“孝和的面试时间”到啰。

“果然和我一样，内向的人才是有最多话想说的。”

云方站在饮水机前，回味方才跟商商的热烈讨论。走进教室，坐成一排的四人前头多了一位学生，烫得笔挺的制服上绣着“孝和”。

“老师，我可以旁听吗？”

孝和跟积木一样发问前会举手，但积木是打直手臂，孝和则是随兴地半举着，给人轻松自在的感觉。比起发问，这更像是以问句为形式的告知。

“你原本的课呢？”

“我一直都没上辅导班，通常是去旁边的漫画出租店等阿叉，刚才回学校晃晃，刚好听到老师上课，好有趣噢。”

云方露出怀疑的表情，阿叉补充：“老师，这家伙是“特权分子”，辅导老师从来不管他有没有在教室，只要考试人在就好。更准确地说，只要有写上他的答案的考卷就好。”

“既然都是逃课，我的教室应该比漫画店更恰当，身为老师没有理由拒绝吧。更何况是那个孝和，要是他能因此留在班上，业绩便能大幅提升，下学期转任成正职教师就更有希望……算了，先不要想这么远。”云方想。

“好啊。”云方同意。

“太好了，那我可以问老师上一堂课介绍的进制问题吗？”又是一个问号结尾的告知。

孝和流露出恶作剧的眼神：“老师刚才提到时间是六十进制，一分钟有 60 秒，一小时有 60 分钟。发明时间的人干吗这么麻烦，用十进制不就好了？”

“‘孝和的面试时间’到啰。”

“咦？”

阿叉小声地对商商说：

“这家伙表面上是乖学生，但其实是瞧不起只照课本教书的老师。每回遇上新老师，他就会故意问问题考对方，要是答不好，这位老师以后在课堂上就再也看不到孝和了。”

某种程度上，这也算是孝和对当今教育的一种抗议。

“通常老师容易答出来吗？”

“你看他每天都在学校晃来晃去，就知道了。”

阿叉摇摇头，对云方投以担忧的眼神。

“因为六十进制很好分配。哈，听说孝和非常聪明，我以为你早就知道答案了呢。”

对学生发问求之不得，云方开心地回答。瞬间，孝和脸上闪过一丝讶异与不悦的神情。

“我们常将时间分成好几等份，比方说把一小时三等分，拿来看书、听歌、写作业。如果一小时是十分钟，现代人还可以用分数，但古人没有分数概念，对他们来说，这是个大难题。”

云方在黑板上写下 60 的因式分解

$$60=2^2\times3\times5$$

“利用因式分解，求出 60 一共有 3 × 2 × 2=12 个因子：1、2、3、4、5、6、10、12、15、20、30、60。也就是说利用六十进制，古人可以轻易将一小时分成各种不同的等份。”

“没有比 60 有更多因子的数吗？”孝和发问，放在桌上的手规律地敲着桌面。

“嗯，这可能要算一下。”云方想了一下，拿起粉笔。

孝和又说："真的没有哎，所有的二位数里，60、72、84、90这四组数拥有12个因子，其中最小的是60。"

"你算完了？！"

云方非常惊讶——不到10秒钟就检验完10～99所有数的因子，果然是传说中的数学天才。

孝和扳回一城，笑吟吟地回答："只是计算而已。老师才厉害，竟然知道这么多数学知识。我还有别的问题想问老师，可以吗？"

"好啊。"

"孝和的面试时间"进入延长加赛。面试开始前，孝和先抛出奖赏："老师跟其他人不一样，有趣多了，上你的课可以听到很多新知识。不如，如果老师这题能答出来的话，我就转班吧。"

"啊？什么？！"

"我加入的话，对老师转成正式教师有帮助吧。"

内心话被说出来了，云方尴尬着笑也不是，否定也不是。

"好啊好啊，孝和转来就有人可以陪我聊天了，还可以一起回家。"

"你们看他嘴角上扬了！好过分，有了新学生就不爱旧学生了，老师不可以喜新厌旧噢。"

积木摇摇头，云方连忙辩解："我、我才没有！"

云方心里盘算着，虽然转班不是学生说了算，但眼前的是"特权分子"孝和，搞不好他真的可以决定。

孝和径自走近讲台，拿起桌上的计算纸，在空中抖了两下说："老师能从这张纸里面讲出一些数学道理吗？不可以讲长几厘米、宽几厘米噢，这个叫阿叉拿尺量也可以。"

"哎，什么叫作'阿叉也可以'啊，我是比较级里的最低级吗？用英文来说就是……"

“worst.”商商补充。

“因为我们最熟嘛。”

“最熟也不是这样用的，我数学可是四个人里面最好的，最差的应该是积木吧。”

“你干吗扯到积木？”

“我说的没错啊。积木你自己说是不是，数学差没什么好丢脸的，打篮球又不需要数学。”

“对。”

积木依然不带情绪地点头，仿佛只是在问他“黑板是绿色的吗”这种无须争论的问题。

云方忍住解释篮球也需要数学的冲动，注意力集中在白纸上，闭上眼睛摒除一切噪声，让数学脑自动运作……

“利希滕贝格比例（Lichtenberg ratio），这张纸的长宽比是 $\sqrt{2}:1$。$\sqrt{2}:1$ 称为利希滕贝格比例。”

“这比例有什么特别的？”

“你看，这张计算纸的规格是 A4，不管是 A0、A2、A4，每一种型号的纸的长宽比都相同，而且呢，A0 对裁后可以得到 2 张 A1，A1 对裁可以得到 2 张 A2，依此类推。换句话说，手边只要有某一款 A 系列的纸，即能做出任意大小的 A 系列纸。”

云方接过孝和手中的纸，把 A4、对折后变成的 A5，以及两张 A4 拼在一起组成的 A3，都用磁铁贴在黑板上。的确，三种不同大小的纸张，长宽比一模一样。

“然后呢？”欣妤问道。

“这种特色不是任意长宽比的纸都有，一定要长宽比符合利希滕贝格比例才行。因为原本是 $\sqrt{2}:1$，把长边对折后会变成 $1:\frac{\sqrt{2}}{2}$，

再整理下去……”

云方在黑板上写下了等式

$$1:\frac{\sqrt{2}}{2}=2:\sqrt{2}=\sqrt{2}:1$$

“真的哎，A4 是 21 厘米 ×29.7 厘米，$\frac{29.7}{21}\approx 1.41$，趋近于 $\sqrt{2}$。”

阿叉高举起尺，宣布测量结果。

※

“原来如此，我第一次听到这个比例。”

孝和点点头。不知不觉间，云方潜意识已经感受到自己正在面试，他察觉孝和的反应，就像主管脸上露出“就这样吗？”的表情。要是就此结束，孝和不会满意的。他想了想，继续说：“除了利希滕贝格比例，这张纸还隐藏了白银比例（silver ratio）——$(1+\sqrt{2}):1$，约是 2.414：1。”

“白银比例？”

阿叉发问，孝和回答：“这我好像听过，和黄金比例（golden ratio）类似的比例。”

“跟《圣斗士星矢》的命名很像，该不会有青铜比例吧，哈哈？”

“有。”

“真的假的？！”

阿叉从椅子上跳起来。云方没回答阿叉，把两张计算纸垂直交错，叠在一起，一个角对齐，再裁掉重叠的正方形区域，举起剩下的长方形。

“这个长方形的长宽比即是白银比例。我们验证一下，A4 纸的长宽比是 $\sqrt{2}:1$，裁掉以短边为边长的正方形后，剩下长方形的长宽比将会是 1：($\sqrt{2}$−1)，两边同乘 (1+$\sqrt{2}$)，就可以得到白银比例了。”

黑板上又多了一个等式 1：($\sqrt{2}$−1) = (1+$\sqrt{2}$) ：1。欣妤发问：“刚才那什么‘犀利比例’是设计纸张用的，白银比例又能做什么呢？”

“利希滕贝格比例。”商商小声地纠正。

“你很爱纠正人哦——”阿叉用只有两人听得到的音量笑话商商，商商连忙摇头，仿佛一只刚洗好澡急忙甩干身体的小狗。

“白银比例在艺术上有很大的贡献。”

云方在黑板上画了菱形，头一回，他写了半面黑板还没人睡着。

“三个大小相等的菱形，两条对角线的比例刚好是白银比例。当我们把它们照这样摆时，外面几个点连线画出来的更大的菱形，长宽比是 (3+2$\sqrt{2}$)：(1+$\sqrt{2}$)，两边同除以 (1+$\sqrt{2}$)，会发现长宽比同样符合白银比例。”

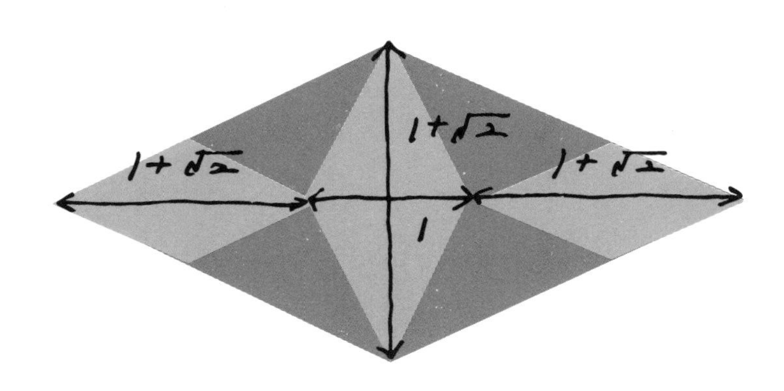

“这种特殊的菱形，是阿拉伯风格拼贴镶嵌的基本元素。所谓的拼贴镶嵌，最常应用的就是地砖。教室地面是最简单的正方形镶嵌，风景区的步道有时会用上六角形镶嵌。依照白银比例设计的镶嵌称为 Ammann-Beenker tiling，中文是……”

“老师下课啰。”

“啊？”

云方自己讲得投入，丝毫没注意到下课钟响起。

“孝和快点啦，我好饿，走了走了。老师再见。”

早就收好书包的阿叉催着。云方无奈地跟大家道别：“拜拜，记得写作业。”

“老师，我可以不用写作业吧？我在别的班都没有写。”

“什么？”

“我当老师答应了，谢谢老师——下周见。”

孝和挥挥手，朝刚离开教室的阿叉跑去。

比例

同一部影片可以在不同尺寸的手机、计算机、电视上观看，这是因为不同屏幕的长宽比例相同。就这个层面来说，比例是生活中最常出现的数学元素了。比例的精神是：不考虑大小，仅仅考虑相对的关系。也因为这样，写成 $A:B$ 或 $\frac{A}{B}$ 的比例，和最简分数一样，我们通常会化简比例，让两个数没有公因子，例如 6 : 4 会化简成 3 : 2。还有一种表示法比较像在写小数，会将 B 化成 1，例如 3 : 2 会写成 1.5 : 1。本篇的白银比例跟下一篇提到的黄金比例就是这种表示法。

05

美感也是一种数学概念

“老师，我身高 160 厘米，腿长 95 厘米，该穿多高的鞋子才能拥有黄金比例呢？”

“10.18 厘米。”

“天啊，我第一次觉得数学真好用！！”

“计算过程是这样的，假设身高 h 厘米，腿长 x 厘米……”

“老师，没人在意怎么算出来的好吗？！”

老师为什么懂这么多啊？
潜移默化吧。
唔……
有句成语，
四只鲍鱼跟一朵兰花怎样的……
与善人居，如入芝兰之室；与恶人居，如入鲍鱼之肆。
好厉害！！
不愧是语文界的纳达尔。
欣妤是折裙子小老师。
学校裙子不折不能看啊！
那叫作体育课代表吧！
商商是语文小老师吧？
嗯。
我是体育小老师！
无法忍受那种裙子！
我知道！！脸蛋、身材，都跟黄金比例有关！
其实美感也是潜移默化来的。有人听过黄金比例吗？

傍晚，管乐社的练习声宛如一位醉汉，摇摇晃晃穿过操场，从窗户飘进教室。

如果它有眼睛，会看见教室里坐了五位学生，有的低头念书，有的玩手机，还有一位老师正发问，师生互动热烈。云方想，孝和一点儿也不像传言中的妨碍上课，爱发问的他根本是理想的学生。

实际上，问题恰恰出自这么好的互动。

身为老师，必须照顾每位学生，不能只因为某一位学生特别爱发问，就将精力完全放在他身上。一直回答孝和，这变相剥夺了其他学生“使用”老师的权利。只是云方此刻没想那么多，他像好不容易交到朋友的转学生，有人陪他聊天，光开心都来不及了。

因为孝和的缘故，阿叉偶尔会加入与云方的对话，他托着下巴问：“老师为什么懂这么多数学知识啊？”

“潜移默化的缘故吧。”

“有句成语跟这有关，什么四只鲍鱼跟一朵兰花的……”

“与善人居，如入芝兰之室，久而自芳也；与恶人居，如入鲍鱼之肆，久而自臭也。出自《颜氏家训》。”

“好厉害噢，不愧是语文界的纳达尔（Rafael Nadal）[①]。”

阿叉露出夸张的崇拜神情，商商又连忙摇头。两人之间似乎已建立起特有的互动模式。

“商商是语文小老师吧？”

“嗯。”

“孝和呢，是数学小老师吗？”

孝和没说话，阿叉先抢答：“我是体育小老师。”

① 拉菲尔·纳达尔，西班牙职业网球运动员。——编者注

“哪有这种小老师，体育课代表才对吧。”欣妤说。

阿叉反击：“课代表变成小老师是降级，当事人都没在意。总之是体育好的意思。”

云方试图转移欣妤的注意力：“欣妤当过什么小老师吗？”

“我是手机小老师，班上同学手机有问题都会来找我。”

欣妤自豪地说出不知道该不该值得自豪的事迹。

“你是折裙子小老师，每次都在那边折裙子。”

“学校的裙子真的很丑啊，穿起来腿超短的。”欣妤埋怨，“像我这么有美感，才无法忍受那种错误长度的裙子。”

“可是美感这种事情，与其说是天分，应该也是潜移默化来的。”云方回应。

“前一阵子聊到白银比例时曾提到黄金比例，有印象吗？”

“那个我知道！”欣妤忽然提高音量，吓了大家一跳。

“网络专栏说，模特儿的身高和腿长符合黄金比例，看起来最漂亮。”

“果然，只要扯到自己有兴趣的议题，就算是数学也愿意学习。”云方心想。他在黑板上写下 1.618。

“欣妤说的没错，那就是黄金比例 1.618。它不仅仅是身高与下半身的完美比例，而且完美的脸长宽比是 34∶21，算起来约是 1.619，也很接近黄金比例。”

云方在 1.618 这个数的前面补上一些数和符号，黑板上出现一行式子：

$$\phi=\frac{1+\sqrt{5}}{2}\approx 1.618033\ldots$$

“事实上，黄金分割数是无理数，没办法用有限小数表示。它的‘无理’之处不仅于此，还包括了另一种奇怪的特性：倒数是自己的小数部分。”

$$0.618 \approx \phi - 1 = \frac{1}{\phi} \approx \frac{1}{1.618}$$

云方在黑板上算得投入，早忘记刚才领悟到的“要聊和对方兴趣有关的题目”。欣妤叹了口气埋怨：“不是在讲为什么美感是潜移默化吗？跟倒数有什么关系啊？”

“四只鲍鱼一朵兰花吗？”

“是……如入鲍鱼之肆。”

“语文小老师好严厉噢。”商商又猛摇头。

云方这才回到原来的话题：“是是是，美感跟倒数无关，但跟黄金比例有关。有人说过，一个人对食物美味与否的认定，取决于十二岁前所吃的食物，那些食物成了每个人独特的美食原点。长大后喜欢的美食，只是童年尝过的味道的延伸。黄金比例之所以能主宰难有客观标准的‘美’，答案或许跟美食一样：我们从小就在无意识间，被大自然决定了对美丑的品位。”

“大自然？”

“因为大自然里充斥着许多事物，贝壳的纹路、花瓣分布、植物生长都符合黄金比例。”

“为什么大自然里会有很多黄金比例？”孝和发问。

“因为大自然充斥着跟黄金比例息息相关的斐波那契数列。”

“斐波那契数列吗……”

孝和仿佛复诵咒语似地念着，云方在黑板上写下一串数列：1, 1,

2, 3, 5, 8, 13, 21, 34…

“这就是斐波那契数列，如果用符号来表示斐波那契数列中的第 n 项，每一项都是前两项的和。”

云方写下 $S_n=S_{n-1}+S_{n-2}$，迟疑了一下，继续说：“斐波那契数列被称为描述自然生长规律的数列。不过数学家常用兔子生小兔子的例子来解释斐波那契数列：有一对小兔子，第二个月长大，第三个月生出另一对小兔子，斐波那契数列的第三组数为 2，前两组都是 1。第四个月时，元祖兔子又生了一对小兔子，总共有 3 对兔子。第五个月时，第三个月生下来的小兔子也生了一对兔子，加上元祖兔子再接再厉，一口气变成 5 对兔子。之后依此类推。”

“将斐波那契数列前后两组数相除……”

云方写下一组组除法的答案：$\frac{1}{1}=1$、$\frac{2}{1}=2$、$\frac{3}{2}=1.5$……

孝和用手指敲敲桌子，抢先说出：“第九项跟第八项的 $\frac{34}{21}=1.619\ 05$，比例越来越趋近于黄金比例 1.618。”

云方的粉笔在空中顿了顿，对露出得意笑容的孝和点头。

$\frac{5}{3}\approx1.67$、$\frac{8}{5}=1.6$、$\frac{13}{8}=1.625$、$\frac{21}{13}\approx1.615$……

“孝和说的没错，黄金比例隐身在斐波那契数列中，许多动植物的生长都符合斐波那契数列，比如花瓣、松果。好比说，传说中四叶酢浆草能带来好运，但事实上不只是酢浆草，很多树、草、花瓣都很难找到 4 片叶子。原因是斐波那契数列里没有 4，对符合斐波那契数列的植物来说，4 片叶子是违背生长定律的突变。”

“啊！！”

阿叉拍手大叫：“这样玩‘掰花瓣数爱我不爱我’时，一定要先从‘爱我’数起。”

“为什么？”

“斐波那契数列中奇数约是偶数的 2 倍。既然许多花瓣生长符合斐波那契数列，从爱我数起，‘爱我’‘不爱我’‘爱我’……‘爱我’被放在奇数上会比较容易数到。”

这么快就能懂得活用数学知识，云方点点头满意地说：“对，正因为斐波那契数列，生活周遭隐藏了无数的黄金比例。在还没听过这个直到十九世纪才正式出现的专有名词，不懂什么是无理数、九头身之前，大自然先一步催眠我们的深层意识。让我们认为只要符合 1.618 的比例，就是大自然的产物，也是美的事物。”

“有道理，毕竟人类也是大自然的产物，回过头来依照孕育自己的大自然法则创作，再合理不过了。”

孝和表达赞同，云方又说：“许多历史遗迹里面也有黄金比例的足迹噢。商商听过吗？”

“希腊的帕特农神庙吗？”

“对，就连五角星都隐藏了无数组黄金比例。”

云方用粉笔流畅地画出五角星。要是此刻有人从走廊经过，恐怕会以为这堂是绘画课。

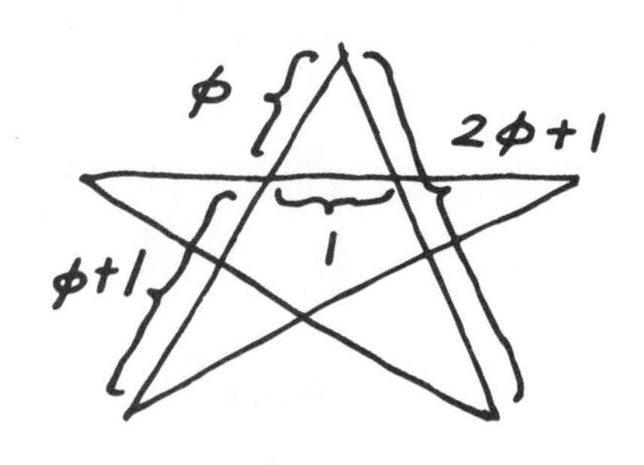

“五角星里，假设每个等腰三角形的底边是 1，利用三角形公式，可以求出等长的两组斜边是 ϕ=1.618。斜边往下延伸到五角星的顶点，长度则是 ϕ+1，与等腰三角形腰长的比例为

$$\frac{\phi+1}{\phi}=1+\frac{1}{\phi}=\phi$$

还是黄金比例。五角星的边长与边长减掉等腰三角形腰的长度，比例为

$$\frac{2\phi+1}{\phi+1}=1+\frac{\phi}{\phi+1}=1+\frac{1}{\phi}=\phi$$

依然是黄金比例。”

“干脆改名叫‘黄金比例星’算了。”

欣妤说，一会儿又像想到什么似地问：“老师，我身高 160 厘米，腿长 95 厘米，这样该穿多高的鞋子才能看起来有黄金比例啊？”

“我算一下，假设身高 h 厘米，腿 ℓ 厘米的女孩子，穿上 x 厘米的高跟鞋后的新比例为 $(h+x):(\ell+x)=1.618:1$。整理后可以得到高跟鞋高度为 $x=\frac{(h-1.618\ell)}{0.618}$ 厘米。”

“10.18 厘米。”

孝和才敲了一次桌子就说出答案。欣妤马上撒娇，吵着要去买高跟鞋。

从孝和加入辅导班后，仿佛原本缺一块的拼图，忽然完整了。只是完整的拼图里，扮演领导地位的人不是身为老师的云方，而是数学界的乔丹——孝和。

可以听我再说一些话吗…

数列

“数列”就是“一组数”比较好听的说法。稍微环顾四周，到处都可以看到数列，至少彩票行里就多到数不清。同一组数可以有不同的排列顺序。例如彩票开奖会将中奖号码依抽出来的顺序公告。此外，也会依照大小排列，像升旗一样，小的排前面，大的排后面，这样的数列称为递增数列。

斐波那契数列即是标准的递增数列。

按照顺序排好后，许多数列可以用“算”来得出某一项，例如学校课本里的等差数列，首项为 a_1、公差为 d，$a_n=a_1+(n-1)d$。文中（或某些考题）利用某项的前几项表示，例如等差数列可以写成 $a_n=a_{n-1}+d$，这是递归表示法。

06

“买千送百”真的划算吗？

“别以为买千送百，买三千送三百，买五千送五百很划算，实际上仅有 8.0%、5.7%、3.7% 的折扣。除了买千送百，后两者都称不上九折了吧。”

“云方你好聪明噢。”

“呵呵，没有啦。”（搔头）

——摘录自《云方的恋爱史》

奇怪，
今天气氛怎么
怪怪的……
总觉得
哪里不对劲。
一如往常……
欣妤
怎么啦？
没什么……
心情不好。
一如往常……
没在上课。
欣妤居然
没在玩
手机？
昨天
我跟父亲
去家里的
百货公司用餐，
用了九折
折扣券，
结账时服务生
跟我说九折与
服务费抵销，
父亲听了
很生气。
家，
家里的
百货公司？！
重点不是
这个吧。

一进教室，云方立刻察觉到不对劲。

阿叉跟孝和在聊天，正常；商商和她的刘海都在专心看语文课本，正常；欣妤没拿手机，异常。云方迟疑了一秒，还是发问："欣妤怎么没在玩手机呢？"

"心情不好。"

"今天吗？应该还要再一周吧。"

"要你管。"

"这叫作细心的新好男人。"

欣妤赏了阿叉一个白眼，下巴往前方努了努："积木心情好像也不好。心情好像传染病。"

"积木为什么心情不好呢？"

难得可以帮学生解决问题，但这一聊又不用上课了，云方的心情相当复杂。他想起大学时，追求的女生身体不舒服，云方既担心她生病，又暗自期盼她病得重点，自己才有表现的机会。最后，果真这场感冒促成了两人的恋情。牵着女友时，云方心里第一个感谢的对象，是将分寸拿捏得恰到好处的感冒病毒。

"我自己说好了。"欣妤正要开口，积木站起来发言。

"昨天我跟父亲去我们家百货公司里的餐厅用餐。"

我们家？云方有种在听偶像剧台词的感觉。

"餐费 1000 元，父亲给我 1000 元和九折的折扣券去结账。结账后，父亲向我要找的钱，我告诉他有一成服务费，服务生说九折跟服务费抵掉，刚好是 1000 元整。"

"错了，应该找 10 元。"孝和说。

积木沉默地盯着孝和好一会儿，点点头："对，父亲教训了我一顿。他说打九折跟加一成服务费是乘法，$1000\times0.9\times1.1=990$，不能用加减法抵销。

“‘你数学差成这样，将来怎么经营公司。不要以为少 10 元没差，消费 1000 元少了 10 元，亏损高达 1%。集团营业额上亿，少 1% 会让我们少赚几百万你知道吗？！’”

教室里一片静默，积木模仿父亲的声音依然平稳，却可以真实传达当时积木父亲的愤怒。积木继续说：“父亲问我懂不懂，我点头。他又考我百货公司的九折和买千送百的差异，我回答不出来，他更生气了。”

云方感受到积木很沮丧。不想辜负父亲期望的他，是整间教室中最认真念书的人，平常反应敏锐，其他科表现也不错。但每次上数学课，从讲台看下去，积木永远像刚接受训练的小狗，为了食物认真学习，却总是分不清楚哪里能上厕所，哪个口令是握手。

他的数学程度，恐怕比一直玩手机的欣妤还差。

欣妤说：“老师解释一下嘛，九折跟‘买千送百’到底差在哪里？”

孝和一听就知道差别在哪里，他回答：

“买千送百是$\frac{1000}{1100}$，大约是九一折，但因为这个数看起来跟九折很像，所以很多店家会用来迷惑消费者，多获取 1% 的利润。”

云方点头补充：“不只这样，买千送百不仅仅让折扣变低，还因为‘折扣门槛’，让消费者得买到超过一定的金额才能享受折扣，店家得以获取更多利润。举例来说，客人消费 1999 元，却只能送一百元礼券，折扣便只剩九五折。”

“多买一点，超过 2000 元就可以再拿到 100 元礼券啦。”阿叉说。

积木以专业经营者的口吻回答：“不，通常消费者对第一笔开销顾虑最多。第二笔、第三笔会逐渐麻木。只要为了礼券而多购物，便会一直买下去，店家获利将更可观。”他接着自言自语起来：“原

来是这样啊……所以买三千送三百，甚至买五千送五百，看起来跟买千送百相同，但其实折扣门槛更高，店家利润更高啰？”

“没错，门槛越高，业者能赚更多钱。我们可以量化折扣和折扣门槛的关联性。方便量化，假设顾客不凑整数，只买想买的商品。再来，假设所有客人的消费金额符合‘本福特定律’（Benford’s law），消费金额落在 1000 元到 9999 元。”

“本福特定律？”孝和不解地问，他此刻没想到，之后自己会跟这条定律非常有缘。甚至，还靠它来拯救陷入困境的云方。

“这有点儿复杂。我直接讲结果好了。运用本福特定律，买 1000 元到 1999 元的人占全部客人的 30.1%，2000 元到 2999 元的人占全部客人的……”

云方停下来，在黑板上计算起来

$$\log_{10}\left(1+\frac{1}{x}\right)$$

“x=2 代入——”

云方转头看孝和，等他说出计算结果。

“17.6%，x=3 时……x=9 时，买 9000 ~ 9999 元的人占全部的 4.6%。”孝和仿佛背好似地，讲出所有答案。或许是觉得这种程度的计算很没劲，他脸上甚至露出了被耍的表情。

“很好。买 1000 元到 1999 元的人在买千送百时可以拿到 100 元礼券，但在买三千送三百或买五千送五百时却拿不到。只有买超过 3000 元，例如 3000 ~ 3999 元的 12.5% 的顾客，才能从三千送三百的活动中拿到三百元礼券。这样一来，‘买千送百’‘买三千送三百’以及‘买五千送五百’实际上各自仅付出了 8.0%、5.7%、3.7% 的折扣。除了买千送百，其他两种连九五折都不需要，效果却媲美九折。”云方露出得意的表情看着孝和。

阿叉惊讶地问：“老师怎么算得比孝和快？”

“我刚疏忽了，老师再出一题，我不会输的。”

其实是因为以前和那位生病的女孩交往时，为了在对方面前表现，云方做过一模一样的分析。伴随着对方听完后的崇拜眼神，这三组数，也从那时起就一直记在心里。

云方看到积木又在低头猛抄笔记，他有点不忍地说：“积木，你应该先想一想有没有哪里不懂，这比抄算式重要。算式我改天整理给你也可以。”

“谢谢老师。”

积木站起来敬礼道谢。听到这句话，云方有些感动，虽然迟了些，但这是他教书生涯中，第一次收到学生的感谢。

欣妤发问：“积木他爸还提到什么折扣跟买千送百混在一起用，效果会更好。老师，那又是什么？”

“既打折，又可以买千送百吧。”

“这有什么了不起？”

云方思考了会儿回答：“我猜可能是先后顺序。这两种活动的先后顺序很重要。要是先打八折，再买五千送五百。这样一来，想要两项优惠都使用到，消费者得消费总定价超过$\frac{5000}{0.8}$=6250 元以上的商品。但要是反过来，先买五千送五百，之后再打八折，消费者只需买到总定价 5000 元的商品即可享受到双重优惠。一来一往，门槛差了 1250 元。”

“原来买东西里面有这么多数学，我要背起来，以后逛街拿出来用。”阿叉不经意的一番话刚好命中自己以前的作为，云方脸上

热热的。

“就像积木爸爸说的，百货公司、卖场的营业额都破亿，只要能够多赚 1%，利润就差了上百万。一方面要让消费者感觉起来跟九折一样，一方面又要设法多赚一点，这时候，数字游戏就非常重要了。”

积木大力点头，他总算稍微了解了父亲话里的意义。他低头整理笔记，后方的欣妤拿起手机把玩，教室回到原来的模样。

松了一口气就不上课，那松了一口气到底是好还是不好呢？

云方摇摇头，打开讲义准备上课。他没注意到，放在包包里的手机正响起信息提示音……同一天里，他收到两次学生的感谢了。

可以听我再说一些话吗…

对数（log）

“对数方程式”的用途是转换数值，好比教室的座位表，一个座位都对应到一个学生。

$$\log_{10}x=y$$

x 是座位，y 是这个座位的同学，转换的方式为：x 是 10 的 y 次方。好比说，$\log_{10}100=2$ 意思就是，100 是 10 的 2 次方。$\log_{10}2\approx0.3010$ 则可以解释为，10 的 0.3010 次方等于 2。对数的好处在于能将一个很大的数，用另一个很小的数表示，同时也能简化计算，当然，表示的过程可能不是那么简单好懂。（$\log_{10}$ 可写为“lg”。）

07

怎么把最多的“快乐”装进背包里

“背包问题考虑的是，假设背包能装 4 千克，有水壶、小说、衣服，每样东西都有对应的重量跟效用值，该怎么装，才能在不超过背包重量的前提下，发挥背包最大效用？”

“好麻烦，不能有装得下一切的包包吗？”

“哆啦 A 梦的口袋吧。”

昨天晚上……
下周起，你放学直接回家，我帮你请好家教了。
不行！！！
你爸爸怎么可以自作主张！
好厉害……
不然你去应征陪读，
孝和去应征家教老师，我去当学生。
……
商商也一起去吧。
这样就只换了上课地点而已！
还换了老师啊……

辅导班召开了第一次班会，主题为“拯救积木大作战”。

上周积木回去告诉父亲云方的折扣分析，尽管稍微平息了怒火，父亲还是对积木的数学教育非常不满：“下周起，你放学直接回家，我帮你请了数学系的教授当家教。”

父亲做了决定。

※

“你爸爸怎么可以自作主张！”欣妤气冲冲地拍桌。

阿叉说：“不然你去应征陪读，孝和去跟数学系教授抢家教老师的职位，我去当学生，商商也一起去吧。”

商商以一厘米的幅度点头同意。阿叉开心地说：“这样就跟现在一样，只有上课地点换了而已。”

“还换了老师啊！”云方在心里嘀咕，“相当不妙，你们顶多是每周跟积木少聚四小时，但我可是丢掉一个学生，兹事体大，务必得认真处理。”云方问：“积木，怎样才能让你爸爸同意你留在辅导班呢？”

积木沉吟了半晌，用笃定的语气说：“提出一个能帮助公司业绩增长的方案，让他觉得辅导班能学到东西，或许就有转机。”

“那简单，”阿叉胸有成竹地说，“办篮球比赛，比赛可以汇集人潮，人潮就是钱潮。”

教室里一阵静默，分不清是不屑这个提案，还是根本没人把它当一回事。

商商说：“把文案写得好一点呢？”

“不愧是语文界的纳达尔，数学界的梅森普。”

“那是什么？”

阿叉把他发明的比喻解释给孝和听，两人大笑。

欣妤听了忍不住站起来大吼：“不要再闹了！要是积木不能来上课，大家都要退班！”

前两句话是骂阿叉跟孝和，但最后一句话显然在恐吓云方。要是一次有几个学生退班，云方压力会更大，他眉心皱得像 18 褶的小笼包一样。他说：“不然，九折是‘每个人有 100% 的概率可以拿到 10% 的折扣’，我们可以将两个百分比颠倒过来，变成‘每个人都有 10% 的概率可以拿到 100% 的折扣’。”

“有差吗？”

“比起 10% 的折扣，完全免费对顾客更有吸引力。不能保证一定会打折，相当于购物结合赌博。实际的做法是，每天营业结束后在网页上公布 0 ~ 9 的一个数字。发票尾数跟这一个数字相同的客户，隔天即可带发票跟商品回来，完全退费。”

积木手托着下巴沉思一下子后，说：“老师的意思是，这个方案可以维持九折，但吸引到更多客人？”

“好聪明哦！快把这个跟爸爸讲。”欣妤拍手。

孝和插嘴：“不只如此，积木。这方法的成本比九折还低。营业结束后可以统计每个号码对应的营收，只要指定营收最少的号码，免费的比重将比当天总营收的 10% 还要少。”

“对哦！孝和好聪明。”

“应该是说我聪明吧！”云方吃起学生的醋。

“这方法是不错，只是父亲很少收回决定。一定得是非常创新的方法，才能改变他的想法。”

唔，云方的头像没电的玩偶，重重地垂下。

※

场景来到积木家的百货公司。

“到现场看看或许会比较有灵感吧。”

半小时前欣妤这么说，也不管云方同不同意，她就做了决定。

适逢周年庆，尽管是平常日，百货公司里依然挤满了客人，云方跟穿着制服的积木和欣妤六手空空，格外醒目。欣妤抱着书包发牢骚：“都这么多人了，哪里还需要提升业绩啊。”

云方很久没来百货公司。他两眼发光，觉得这里是数学生命力最旺盛的地方。面对来店礼、满额礼、折扣、信用卡友礼，每个人列出所有想买的商品，拿着商品广告努力地计算，想办法在仅有预算下血拼。这是个最优化问题，限制是金额，最大化的是……是什么？

站在人潮中间，积木有感而发地说：“其实，老师说的折扣方式虽然很棒，但我总觉得不大对劲。那样难道不算用数学来欺骗消费者吗？做生意可以这样吗？我心中的商人，是想尽办法满足客户的需求，让他们得到最多的快乐，发自内心地信任我们，愿意将生意交给我们……”

“对！！”云方大声喊了一下，两位穿着套装的白领丽人被吓了一跳，狐疑地望着云方。

“购物的最优化问题里，该最大化的是商品带来的快乐总和才对！”

“老师的意思是？”

“我们可以用背包问题（knapsack problem）来实现你的理想！”

“背包问题？”

“假设你的书包载重 C 千克，每天上课有许多东西要塞到书包里，例如水壶、课本、铅笔盒，每样东西有自己的重量 w、效益 p。该放哪些东西进去才能最大化总效益 u，这就是背包问题。它是一个经典的最优化问题。”

“老师，我们找个安静的地方讲好了。”

积木领着两人来到一间氛围高雅的专柜，一条领带的标价就接近云方半个月的薪水。店长远远看见积木，弯腰行礼，积木轻轻颔首致意，跟在班上带点木讷、专心抄笔记的模样截然不同。

“大多数老师对于学生的了解，仅止于课堂上的表现。”云方想起一位老师曾这么说过。

三人在专柜里借了个位置，继续方才的话题：“我们可以把背包问题套用于购物，购物预算是背包载重，价格是物品重量，买下商品的快乐程度是物品放进包包后的效益。这样一来，问题成了：如何在给定预算下购物，才能得到最大的快乐——背包问题是每位购物狂都该学会的优化策略。”云方用发明了什么似的口吻得意地下结论。

“可是买东西不能只看喜欢不喜欢，还要考虑目的性。好比说我很爱裙子，如果单纯依照喜欢程度就会一直买裙子。可我也需要上衣、包包、项链，像那条就很漂亮。”

积木看着欣妤，点点头说：“如果可以继续上辅导班，就开派对庆祝一下吧。”

“太好了！老师快把答案想出来。”欣妤语气轻快地鼓舞云方。“我也可以要那条领带吗？”云方觉得自己像收到转发工程的下游厂商，工作繁重，利润却全被上游厂商拿走。

他无奈地说：“好，这不难，我们可以用背包问题的进阶版——多重选择背包问题（multiple-choice knapsack problem）来解决。多重选择背包问题考虑的是：有三本语文讲义、四本英文讲义、七本数学讲义，要是每种只带一本，该如何选择才能让书包既不爆掉，又最大化携带物品的总效益？套用在这里，就是有喜欢的四件上衣、三个包包、五条项链，各选一项的话该怎么选？”

“还有裙子。”

“听起来好像很适合，请问老师，多重选择背包问题容易解吗？”

“相当复杂，要算出最优解恐怕得开设一整层咨询中心，请有数学背景的专人分析。”嗯……立刻考虑到实际面的积木陷入了沉思。

“不过，有个比较简单的方法可得到近似最优解的答案。”

云方用专柜提供的高级钢笔在纸上画下流程图。

“首先请客人整理好要买的商品，分类、记下每项商品的喜欢程度。接下来将同类商品从价钱低到高排序，假设排出来的结果为 ABC，其中 B 比 A 贵 1000 元，喜欢程度却只有多 50 点，C 比 A 贵 2000 元，喜欢程度则多 1000 点，那么 B 就不用考虑了。因为从买 A 变成买 B，单位金额带来的喜悦只有 $\frac{50}{1000}=0.05$，但从买 A 到买 C，单位金额带来的喜悦却是 10 倍，也就是 0.5。这个数值称为单位金额满意度。划掉单位金额满意度低的商品，将省下来的钱投资在别的商品项目里，这样整理好后，就可以开始购物了。”

云方写下

$$单位金额满意度=\frac{\Delta 满意度}{\Delta 金额}$$

“Δ 是什么？”

“前后两项相减的意思。”

“在物理和化学课上好像看过。好吧，然后呢？”

“购物时先挑每一样类别中最便宜、喜欢程度最低的商品。之后，比较不同商品类别，计算换成次贵商品后的**单位金额满意度**，选择单位金额满意度最高的商品。好比说，假如裙子类别次贵商品的单位金额满意度比上衣、包包都高，就升级裙子。升级后，重新比较现有各类商品，升级带来的单位金额满意度。直到升级后的商品价格超过预算，便停止购买。”

“这样就能最大化客人的满意程度吗？听起来不会很麻烦，现有的客服人员应该足够。只是，为什么要退货再买，可以请老师再解释一下吗？”

“因为我们假设一类商品只能买一个……”

欣妤听着云方和积木讨论，觉得这提案既符合积木温柔的一面，又应该能满足他爸爸追求利润的目标，看来没问题了。

可以听我再说一些话吗…

不同的最优化标准

现实问题中，答案通常不止一个。好比说从台北到高雄，可以搭乘火车、客运、高铁、飞机，甚至走路。最优化问题就是希望不仅能提供答案，还要提供“最好”的答案。在第一篇我们已经介绍过最优化问题了，当时用到了微积分。还有很多时候无法使用微积分，好在，最优化问题在许多工程领域中扮演重要的角色，很多不同的问题已经被广泛研究过，建立起许多经典的模型，只要将某个问题套进某个模型，就能得到解答。文中提到的背包问题，就是一种经典的优化模型。

然而，“最好”也有不同的定义。比方说，如果想要最便宜，最好的选择就是走路；想要省时，最好的选择就是飞机；如果最优先考虑舒适度，最好的或许是高铁。得先找到自己想要优化的标准，才能去优化。

因此在解决最优化问题前，还有一件事得先确认：

“我们想优化的是什么？”

找到自己想要的优化目标是个哲学问题，这往往比数学问题还困难许多。

08

展望台上的约会数学

我身高 1.7 米，眼睛位于 1.6 米左右的高度，你的眼睛距离地表 1.5 米高，所以我们各自能看见的范围是 4.53 千米和 4.38 千米。只要没有障碍物，我可以看得比你远 150 米。要是在草原上走散了，就能比你早一步发现对方。

——摘录自《云方的恋爱史》

傍晚，
学校顶楼
阿叉！
没事吧？
老师干吗来
这边？
哈哈哈，
唉哟，不是啦，
我出来透气。
高年级的
那帮人呢？
欣妤说你被
叫到顶楼。
老师也想
透透气吧？
老师有
女朋友吗？
肯定没有。
你怎么
知道？！
交朋友也是
各种各样。
篮球队先发
有五个人，
棒球先发
有九个人，
足球……
11

教室里，云方在备课，孝和跟积木在讨论上周的“背包问题”。孝和很快就理解了，不时还反过来，向积木解释里头的数学。据说，积木的父亲已经将这项提案交给下面的人评估了。

“看来你在学校好像还是学到了一些东西。”

抛下这句话后，父亲再也没提过家教的事。欣妤戴着新项链，一派轻松地哼歌玩手机。看来危机应该解除了。

上课铃响起，云方环顾教室：“阿叉怎么不在？”

欣妤头也没抬地回答：“刚刚被别年级的人叫去顶楼了。”

校园霸凌吗？！云方像一只被吓到的猫，整个背竖起来。

“你们自习，我去救他！！”

“哎哎哎！等等！不要去啊！”

云方飞奔而去，快到欣妤的制止声都追不上。

※

通往顶楼的楼梯间，云方遇到几个人快步下楼，脸上满是兴奋的笑容，好像刚在顶楼看到了什么有趣的事物。推开顶楼安全门，迎面而来的是与视线齐平的落日，天空一片火红，靠在墙上的阿叉被夕阳剪成一片黑影。

“老师怎么在这边？”

“高年级的那帮人呢？”

“什么高年级的人？”

“欣妤说你被别年级的人叫到顶楼。”

阿叉先愣了一下，然后爆出笑声：“不是啦，我只想出来透透气。”

云方这时才听到欣妤那声“不要去”。

“老师也想离开教室透透气吧？”

“也没有啦……”

看云方没回答，阿叉以为他在思考，也不打扰他。云方走到阿叉旁边，水泥的墙面贴在身上冰凉凉的。他好久没有到视野这么辽阔的地方，身心都舒畅了起来。

师生俯瞰校园，阿叉的声音从一旁传来："老师有女朋友吗？"

"啊？"

"肯定没有。"

"你怎么知道？！"

云方转过来面对阿叉。阿叉脸上没有一丝轻佻的模样，他说："老师，篮球队先发有五个人，棒球先发有九个人，足球先发有十一个人，交朋友也是各种各样。"

"不一样吧。桌球单打只有一个人。"

阿叉摇摇手指："但团体赛要打五点，需要七人。我的意思是，今天如果问我的篮球教练，比较喜欢大前锋还是后卫，他一定会回答：'这无法比较，每个位置各有各的重要性。'"

"所以呢？"

"所以不能将不同的朋友放在一起比较，这是不公平的。这英文叫作什么，橘子跟橙子比较……"

"You cannot compare orange with apple."

"老师跟商商一样爱纠正人。"

"是你太容易说错，让人不得不每次都纠正吧。"云方心里觉得阿叉的论点没道理，但看到他这么认真解释，倒是无言以对。

阿叉忽然开朗地笑了。语气像条开口向下的抛物线，先上扬，一会儿又往下掉，慢慢变得沉重："但是，交朋友跟别人说的刻骨铭心的恋爱又不一样。我朋友常说，他们跟喜欢的人见面时会紧张，会脸红心跳，我从来没有过这种经验。"

云方一头雾水，阿叉问："老师有吗？"

"有什么？"

"有过跟喜欢的女生约会，既紧张又期待的经验。"

云方用同时掺杂了自豪跟自卑的语气回答：

"有——"

"我就知道老师一定有。"

云方不知道听到这话该开心还是该生气。

"老师可以分享一下吗？"

云方缓缓叹了口气。事实上，从站在墙边往下望起，他就想起了一段也在高楼上发生的往事。云方忘记教室里还有正在等他（真的在等吗？）的学生，娓娓道出那段回忆。

※

我在上大学的时候，101 大楼还没盖好，台北市的"顶点"是火车站前的新光三越百货。有一天，我存了两个月的饭钱，约了女生去新光三越百货顶楼展望台。站在展望台的窗边，行人小得像芝麻、汽车小得像抬着芝麻的蚂蚁，台北盆地尽收眼底。下雨了，在地面是抬头看雨滴从天而降，但在展望台上，是低头看雨滴往地上洒。

"好漂亮的画面噢。"

女孩这样说，我想回"再漂亮也没你漂亮"，但拿人跟雨来比较好像不怎么恰当，比雨漂亮这种赞美恐怕也会让人不知道该怎么开心吧。

这一犹豫，就错过说话的时机了。

"对对，我想要的就是这种内心独白很多，最后错过说话时机的感觉，好羡慕噢。"

阿叉的声音像天启般，传进云方的回忆里。

她靠着窗边说：“如果没有被盆地挡住，一直往外望，站在这么高的地方看得比较远，是有多远呢？”

室内的冷气很强，她的声音停在墙上，化成一团雾气。

我愣怔怔地站在一旁，只顾着嫉妒那片玻璃，又想起小时候被同学骂过“玻璃”，到底骂人“玻璃”是什么意思呢？耽溺于年少过往，我又轻易错过了一次在心上人面前表现的大好机会。

“事后老师有想过，当下应该怎么说比较好呢？”

我后来想应该赶快挨近她身边，在她呵出的那团雾气上画一个大大的圆，圆上面画两个小人依偎在一起。接着以小人为起点，画一条与大圆相切的切线。

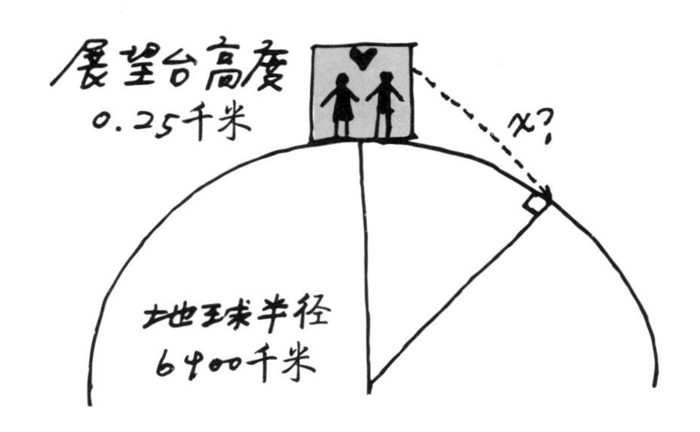

她必然一脸迷糊地看着我，我露出自信的微笑，告诉她：“这是地球，上面的两个人，是站在新光三越顶楼上的我们。地球半径约

为 6400 千米，新光三越展望台高度为 250 米，利用勾股定理，从我们所在位置画出去的切线长度 x 为

$$(0.25+6400)^2=6400^2+x^2。”$$

我利落地列出一元二次方程式，但计算过程有点儿复杂，又不能要她连续呵气，弄出一大面雾气供我计算，于是我赶紧化简式子

“$(0.25+6400)^2=6400^2+x^2$ 式子展开，左边是

$$0.25^2+2\times0.25\times6400+6400^2$$

第一项跟后面两项比太小，可以忽略，第三项地球半径平方又可以跟右边第一项消掉，整理一下可得

$$x^2 近似于 2\times0.25\times6400$$

$$x 近似于 \sqrt{2\times0.25\times6400}\approx56.6 千米。$$

也就是说，站在展望台的我们能看到 56.6 千米以外的景色。大概是宜兰，还有东北角外海好几千米的地方。”

她露出崇拜的眼神看着我，扯着我的袖子问我怎么那么聪明，要我教她数学。我装作勉为其难，苦笑地答应，继续若无其事地卖弄：

“方才的式子可以化简成，看到的距离 $=\sqrt{2H}\times80$ 千米，H 是眼睛的高度，以千米为单位。如果 H 以米为单位，这一距离就要除以 1000，变成‘看到的距离 $=\sqrt{2h}\times0.8$ 千米’，这时 h 的单位就是米了。

“换句话说，假设有一天我们去旅行。飞机失事降落在一望无际的草原上，我们走散了，在草原寻找对方的踪影。这时候，我比较有可能先找得到你。”

“为什么，说不定是我会先找到你啊。”她赌气地说。

“因为我身高 1.7 米，眼睛位于 1.6 米左右的位置，而你的眼睛大概距离地表 1.5 米高。所以我们各自能看见的范围大概是 4.53 千

米和4.38千米，只要没有障碍物，我可以看得比你远150米。我还是大学生，说不定我还会再长高到1.8米，那样的话，我可以再多看大约140米。为、为了你，我会长高的。”

“那答应我，你不能只是长高，还要练习跑步。”

“为什么？”

“因为就算看到我了，我们之间的距离还有4.53千米。你要赶快跑过来接我……”

“天啊，老师的内心世界也太丰富了吧！！而且想象的剧情里还有这么多数学，哈哈，对不起，我肚子好痛，哈哈哈……”

阿叉的声音将云方从想象世界中扯回来。阿叉双手合十，高举过头跟云方道歉：“虽然破坏老师的想象不太好意思，但根据我的经验，只能说，还好老师你没把这段数学说出来，不然场面一定冷极了。”

说到最后几个字，阿叉露出相当正经的表情，云方愕然地回：“真的吗？不会觉得很浪漫吗？”

阿叉拍拍他的肩膀：“除非对方是女的孝和。”

“真的不会吗？”

“相信我，老师，如果说你是数学界的迈克尔·乔丹，那你也应该是恋爱界的阿叉，哈哈。”

“真的不会吗？”

“等等，这举例怪怪的，恋爱界的阿叉听起来也不错噢……”

夕阳轻轻落在云方和阿叉的背上，两人重复着最后几句的对白，往下楼的铁门走去。

可以听我再说一些话吗…

圆与直线

一个圆跟一条直线之间有三种可能的相处模式：没接触，接触一个点（切点）称为相切，接触两个点（直线通过圆）称为相交。当相切时，圆心与切点的连线，与切线间的夹角为 90 度。也因为这个直角，这篇文章才能使用最知名的数学定理——勾股定理：直角三角形的两条直角边边长平方和等于第三边的平方，来计算出到底能看多远。

09

别人的运气比较好？

据说 Apple Music 里的随机模式，会刻意让不同歌手、曲风交错播放，让使用者感觉到每首歌之间毫无关联。对此，乔布斯说过："我们减少随机性，借此让人们感受到多一点儿的随机。"

最近，课堂上总是少一个学生
有人知道孝和去哪里了吗？
今天合作社年度盘点，
他被找去帮忙。
比起计算器，合作社更相信孝和的心算。
他的心算应该比很多人按计算器还快。
老师看过比孝和算得还快的人吗？
不过，我倒是知道一些速算法。
去超市买东西，舍去个位数，13 元变成 10 元、76 元变成 70 元，称为“无条件舍去”，
老师，
没有人有兴趣啦！
floor 跟 ceiling 刚好是地板和天花板的意思。
英文是 floor。反过来，“无条件进制”英文是 ceiling……
商商有兴趣啊。
我有兴趣的只是英文的部分而已。

云方站在讲台上，纳闷为何最近上课，学生都像麻将听牌一样，总是缺一只。他叹口气问："有人知道孝和去哪儿了吗？"

"今天是合作社年度结算，他被找去帮忙。"

比起会不小心按错的计算器，看来合作社方更相信孝和的心算。阿叉继续说："老师看过比孝和算得还快的人吗？"

云方摇摇头。

"他比很多人按计算器都还快吧。"

"计算速度快，考试真的很吃香。"

阿叉转笔感叹，云方想起某段小说台词：

学校的测验其实是在考速度。答题时间越充裕的人，分数就有机会越高；换句话说，就是在测试能迅速解决的题目是多还是少。

"我知道一些速算法，你们想学学看吗？"

他想，不如传授给这些没有孝和那样天赋的同学一些技巧。

"比方说去超市买东西，可以舍去个位数字，13 元变成 10 元，76 元变成 70 元，这称为'无条件舍去'，英文是 floor，算出来的是实际金额的下限。反过来，如果将个位数字进制，13 元变成 20 元，76 元变成 80 元，这叫'无条件进制'，英文是 ceiling，算出来的是实际金额的上限。要是最后结账时，收款机跳出的数字落在这个区间以外，表示收银员按错了。不过呢，其实不用重复算上限与下限，两个数字之间有一个更简单的关系。"

云方在黑板上写下

上限＝下限＋购买商品数×10

正准备解释这道式子时，他先看到了欣妤一脸乏味的模样。

“老师，孝和不在，跟考试又没关系，没有人会对这些有兴趣的。”

“明明跟考试有关系的东西你们也没兴趣。”云方心想。

“floor 跟 ceiling 刚好是地板和天花板的意思。”

“你看，商商有兴趣啊。”

“没有没有，我有兴趣的只是英文而已。”

商商连忙挥手否认，也不用否认得这么快吧，云方肩膀垮了下来。

“既然这样就上课吧，我们的进度落后，得稍微加快脚步了。”

事实上，因为每次总会扯到别的地方，进度不只是落后，用跑操场来比喻的话，早就被别的班倒追好几圈了。

“进度那种事情不重要，辅导班的重点是前面那两个字，辅导，辅导，不是上课。今天没有上课的心情。”欣妤烦躁地说。

阿叉补充说明：“老师别在意，她没抽中合作社的年度抽奖，现在处于暴走的状态。”

“那是什么？”

“老师不知道什么是暴走吗？”

“我是问年度抽奖。”

故意捉弄云方的阿叉开心地笑着解释：“哈哈，好啦，合作社年度结算的这天会举办抽奖回馈学生，每学年各有 10 个奖，头奖是一万元。”

“我没有中就算了，重点是为什么二班那个女生可以连续两年中头奖啊，她一定跟合作社有勾结——”

“但也不能因此就断定对方有问题。”

“你又瞎猜了。”阿叉吐舌头。

欣妤说：“不然阿叉你去搞清楚整件事情。”

“收到。”

阿叉拿起手机整理刘海，云方注意到商商用眼角余光偷瞄阿叉。他想，不安抚一下欣妤，今天又不用上课了。

“从概率来说没有那么不可思议。”

“怎么会？我们这年级大概 200 个人，中头奖的概率是 $\frac{1}{200}=0.5\%$，连续两年中头奖的概率是 $0.5\% \times 0.5\%=$ 百万分之二十五哎。”

“欣妤数学好棒！”阿叉夸大地拍手，欣妤回给他一个白眼。

“你算的没错，不过这是‘某位特定人士连续两年中头奖’的概率。‘任何一个人连续两年中头奖’的概率则是 $200 \times 0.5\% \times 0.5\%=0.5\%$，其实跟你抽中 1 次头奖的概率相等。”

“啊？”欣妤没反应过来。

“再放宽一点来看，假如三年内有一个人中奖 2 次的概率呢？可以用排列组合必背口诀之一‘正面很难算，要反面看’。”

云方偷偷引入了课程内容，在黑板上写下：

1-3年　3位不同中奖者的概率

$$=1-\frac{200\times199\times198}{200\times200\times200}$$

$$\approx1.5\%$$

“概率和欣妤三年内中 1 次头奖的概率差不多。换句话说，要是你觉得‘三年内让我中 1 次头奖不为过’，那么，看着别人三年内中 2 次头奖，也没那么不合理。”

欣妤像有仇似地瞪着算式好一会儿，才心不甘情不愿地接受事实。

“好吧，算了。但二班还有一个家伙更过分，一口气中了两个奖。

这概率超低，有作弊嫌疑了吧。”

“二班好旺，下次买乐透我要去二班对奖。哎，会痛哎。”欣妤拿笔朝阿叉扔去。

“可以重复得奖，表示合作社没有把抽中的纸条取走，又放回了抽奖箱里。如果是这样的话，我们也可以算算看，重复得奖的概率是多少。你们要自己算算看吗？”

云方想，这是高中范围内的知识，理论上他们算得出来，要是孝和应该早就讲出答案了。然而，就像复健师面对不肯复健的倔强病人，不管云方怎么鼓励、哀求、恐吓，始终没人愿意拿起笔来。

“老师，我们现在还愿意听，再不讲，连听都不愿意听啰。”

“这题要用反面减，1 减掉‘所有奖都是不同人获得’的概率。”

云方倒是一被恐吓就投降了，他在黑板上写下

$$
\begin{aligned}
&1-(10\text{个奖由不同人获得的概率})\\
&=1-\frac{200\times\cdots\times191}{200\times\cdots\times200}\\
&\approx20.4\%
\end{aligned}
$$

“高达$\frac{1}{5}$的概率，会有一位同学重复领奖。”

“怎么这么高！”不只欣妤，连商商和积木都一副不可置信的模样。

“是啊，这种‘看起来不大可能，但其实真的如此’的现象生活中还有很多。好比你们手机里的随机播放歌曲。”

云方掏出手机晃了几下。

“如果不把听过的歌从播放列表中移除，对于 10 首歌的播放列

表，想一次随机顺序听完10首，概率只有$\frac{10!}{10^{10}}\approx 0.036\%$，要接近3000次才会有一次成功。”

“真的吗？但我印象中还蛮常就是整张专辑轮播一次，才会听到重复的歌曲。”

阿叉感到迷惑，拿出手机实际测试，手机里的陈奕迅开始哼起《黑白灰》的《兄妹》，一会儿又换成《阿怪》。

“阿叉听这么老的歌噢。”

“这叫经典。”

“我喜欢陈奕迅，他的歌词好棒。”

“商商有眼光！”

阿叉举起手跟商商击掌，商商没弄清楚他的意思，反而往后缩。云方继续解释：“要做到一次播完一整张专辑，比较简单的方法是直接移除听过的歌曲。缺点是一首歌最少得经过一轮才能听到第二次，使用者容易察觉到不对劲。据说 Apple Music 的随机模式是将不同歌手、不同曲风交错播放，让使用者感觉到每首歌之间毫无关联，相当‘随机’。乔布斯曾说过：‘We’re making it less random to make it feel more random.’”

众人往商商望去，等她解释这句英文。商商害羞地抓住铅笔盒上的赵云玩偶，轻声翻译：“我们减少随机性，借此让人们感受到多一点儿的随机。”

“好厉害，光是个随机模式就有这么多学问。”

“随机都不肯随机眷顾我。”欣妤闷闷不乐地说。

阿叉笑话她：“你想买什么，让爸妈买不就行了？”

“不一样啊。”

“怎么不一样？”

“有些东西是爸妈不能买给我的。”欣妤嘟着嘴小声说，积木听到了没有任何反应，一如往常地拿出笔记本将黑板上的概率算式抄下来，但写着写着，自动笔芯却断掉了。

概率

概率可以说是二十一世纪最重要的数学知识，投资、保险、买到坏掉的电器用品，全都跟概率有关。事实上，几乎所有事都可以用概率来解释。比方说你喜欢吃盐酥鸡，每天都经过一间盐酥鸡摊，但你又知道盐酥鸡吃多了对身体不好，也花钱，所以你偶尔会买，偶尔不会买。站在盐酥鸡摊的老板角度来看，你来买盐酥鸡，就是一个概率事件，经过十次可能有三次会发生。

10

不插队，靠排队理论就能早点结账

“将多条队伍整合成一条，或是像现在很多机构采用的抽号码牌方式，就可以避免因为某一位耗时特长的客人，拉长该队伍其他人的结账时间。”

“我以为那是体贴客人的措施，让大家坐在沙发上等。”

“很多事情的真正原因，往往不是直觉想的那样。”

目前人数
0325
上限人数
1000
这就是
积木家的
百货公司啊……
看来不会
太挤……
吧？
我需要
空气！
老师？！
积木？！
您脸色
不大好，
怎么了吗？
真抱歉，
这里
一到假日
就这样。
这是
积木吗……
外星人
看到这幕，
恐怕会以为
地球人的兴趣
是排队。
母亲
叫我来
拿东西。
匈牙利裔作家
乔治·米凯什
说过："英国人
排队等公交车，
等游船，
排队等喝茶，
等吃冰激凌，
然后纯粹出于兴趣，
再去排一些
更奇怪的队伍。
最后回到公车站
前排队，花上一
辈子的时间。"
老师
文学素养
真好。
这是排队
理论教科书
的引言。
可以也帮我"拿"吗？

周末，云方闲晃到积木家的百货公司，大门的电子广告牌显示目前入馆人数逼近最大容许人数。最大容许人数是“楼层面积乘上单位面积容许的人数”，依照规定，百货公司的单位平方米容许人数为 1.5 人，以正方形区域来说，周围约 1.2 米内都不会有人。

“应该不会很挤吧！”云方心算了一下，迈开步伐。

半小时后，云方深陷在百货公司的人群里，觉得自己仿佛误闯了半自动的输送带。人虽然被推着走，却又得时时留意，免得被送到不想去的地方。一小时内，他已经去了女鞋、化妆品和保养品专柜。好不容易到了楼下超市，那里更是拥挤到二氧化碳浓度过高，在他快喘不过气时，一旁传来积木的声音。

“老师午安，您脸色看起来不大好，怎么了吗？”

云方转头一看，积木穿着名牌休闲服，身上散发出与一般顾客不同的气质，仿佛是皇室微服出巡访查领地百姓。

“家里少了些东西，我妈叫我来拿。”

“来‘拿’是吗……”

云方忍住“可以也帮我‘拿’我要买的东西吗？”这句话。走到结账柜台前，四个柜台都排满人。积木摇摇头：“一到周末就这样，我有时候都在想，要是外星人看到这幕，搞不好会以为地球人的兴趣是排成一列。”

云方有些讶异，向来严肃的积木也有幽默的时候。云方回应：“匈牙利裔作家乔治·米凯什（George Mikes）定居伦敦时曾说过：‘到周末，英国人在公车站前排队到里士满玩，他们排队等游船，排队等喝茶，排队等吃冰激凌，然后纯粹出于兴趣，再去排一些更奇怪的队伍。最后回到公车站前排队，花上他们一辈子的时间。’”

“老师文学素养真好。”

“没有啦，这是排队理论（queueing theory）教科书的引言。”

“排队理论？”

“一门讨论如何可以有效率排队、排程的数学。”

“还有这种数学啊。”积木赞叹。

“有噢，排队看似简单，里头有很多数学原理。举例来说，假设今天我、你、欣妤在柜台前排队，我得花 100 秒结账，你需要 50 秒结账，欣妤因为把大部分东西都交给你，她只要 10 秒就结完账了。如果按照我、你、欣妤的顺序结账，三人各自会花上 100 秒、150 秒、160 秒的时间才能结好账，平均是 136.7 秒。但如果颠倒过来，让结账快的人先结账，欣妤、你、我仅各自需要 10 秒、60 秒、160 秒，平均是 76.7 秒，缩短了 60 秒。”

“老师偷说我坏话！”

云方的例子仿佛预言般，欣妤忽然出现在积木另一侧，把一堆零食饮料放到积木的篮子里。跟平常精心打扮不一样，今天的欣妤刘海有些凌乱，穿轻便的休闲服以及运动鞋，看起来像刚运动回来。

“用符号可以看得更清楚，当三人结账时间各自为 t_1、t_2、t_3，并依照这样的顺序结账时，每个人各自完成结账的时间是 t_1、t_1+t_2、$t_1+t_2+t_3$，平均为 $t_1+\frac{2t_2}{3}+\frac{t_3}{3}$。随着队伍的顺序，越后面的人对结账时间影响越小，以 N 个人来说，第 n 位客人的排队时间是 t_n，平均时间 $\bar{t}$ 即为

$$\bar{t}=\sum_{n=1}^{N}\frac{(N-n+1)t_n}{N}$$

因此，要是店家先处理比较快的客人，就可以降低每人平均等待时间。”

积木沉吟着没回答，“发言人”欣妤表示：“那老师赶快想想看能不能把排队理论用在积木家的超市，这样他爸爸就会更开心了。”

积木说：“老师刚讲到一个关键：先处理结账速度比较快的客人。只是这样先到的客人会不开心。而且……等于变相鼓励大家为了能快点结账，应该买少一点，这跟店家的本意相反。”

“你说的没错。提升柜台结账速度是很久以前就存在的问题了，早有人将刚才提到‘先处理结账速度快的客人’这项策略，转化为一件早存在于日常生活的东西。”

“什么东西？”

“快速结账柜台。”

积木跟欣妤有些意外，他们不懂快速结账柜台跟刚才讨论的有什么关联。云方进一步解释：“快速结账柜台设定了几件以下的结账门槛，将从短到长的结账时间排序，用二分法取代，低于门槛的人先结账。如此一来，就能提升整体的排队时间。”

“原来快速结账柜台有这层作用，积木赶快跟你爸爸建议摆一个吧。”

欣妤很兴奋，没想到云方立刻泼冷水：“不一定能节省时间噢，快速结账柜台也有缺点。例如当消费者的购物数量相似时，要是大家都买太多，没人能去快速柜台；反过来说，要是大家都买很少，快速柜台也没用。”

欣妤思索了一下，指着墙角的监视器提议：“不然，将快速柜台的件数限制改成用 LED 显示，根据现在的顾客人数，以及监视器判读顾客篮子里的物品数，实时计算最佳快速结账柜台件数。甚至可以设定好几个快速结账的柜台，各自有不同的结账门槛……干吗，我脸上有沾到什么吗？”

云方和积木像被扔到地上的金鱼一样，嘴巴张得大大的。没想到欣妤竟然能立刻想出这么聪明的方案。云方小声说：“看来每个人缺氧后的反应都不大一样。”

“什么缺氧？老师你在碎碎念什么啦？”

“唔，没有。”

积木手托着下巴思考：“理论上是个好方法，但实际执行起来有些复杂。真的实行了，光应付搞不清楚状况的客人，恐怕就得花上更多时间。”企业家之子很快想到执行面的问题。

云方说：“不然，还有一个更简单的策略可以提升效率：将排在每个柜台前的好几条队伍整合成一列。”

“排成一列就可以了吗？”

云方点点头。

“用刚才我（100 秒）、积木（50 秒）、欣妤（10 秒）的例子来说，要是再多了商商，她需要的结账时间为 20 秒。假设（我，欣妤）和（积木，商商）分别排两条队伍，四人结账所需的时间分别为我 100 秒，欣妤 110 秒，积木 50 秒，商商 70 秒，平均是 82.5 秒。”

“错了。”

“算错了吗？嗯，没错啊。”

云方扳起手指验算，欣妤一手指着自己，俏皮地回答：“应该是我跟积木排一列，老师和商商排一列才对。”

云方不知道该怎么回，只好装没听见继续说：“但如果四人排成一条线，顺序是我、积木、欣妤、商商，则我、积木、欣妤所需的时间不变，但欣妤却可以在商商结账后，不用继续站在我后面空等。

最后两个柜台各自结账的顺序分别是（我），（积木，欣妤，商商）。欣妤只需要 80 秒，省下 30 秒。平均也降到 75 秒。”

积木发问：“可是老师，原本排两列的状况，欣妤也可以换位子不是吗？”

“不一定，很可能欣妤在等我时，你们那列又有新的人排队，她就没办法换柜台了。换句话说，将多条排队人潮化成一条，可以避免因为某一个耗时特长的客人，拉长特定队伍的整体结账时间。如今在银行、邮局、政府机关，都采用了抽号码牌的单条排队制度。”

“原来如此，我原本以为那只是体贴客人可以坐着等候，没想到还能缩短平均排队时间。”

“很多事情的真正原因，往往不是我们直觉想的那样。”

云方继续说：“不过实际上，在多条队伍中，客人会观察每条队伍的长度，比较精明的还会根据队伍中客人篮子里的物品项目，估算排队时间，再选择一条自己认为最快的队伍。透过这种智能的动态选择，多条排队效率也会自动提升。”

“像我这么精明的客人吗？”欣妤得意地说。

“不好意思，客人麻烦请往前。”

云方将他的篮子放上柜台。积木也从后方把篮子摆上柜台：“一直受老师的帮助，这次结账就让我来吧。”

“这、这不好意思啦。”云方推辞了一下，还是收下了积木的好意。

云方的父亲也是老师，他想起小时候跟爸爸去市场买菜时，每次卖菜的学生家长都是连买带送，多给了爸爸好多菜。

“这些咖啡和茶包，就像当年老爸红白塑料袋里多出的那一大把葱吧。”云方这么想，心头暖暖的。

排队理论

排队理论是一套很实用的数学工具，起源于电话刚发明时，通话线路有限，电话都会先连到一个中心，由中心的接线生将电话转给对方，线路满载的话电话只能排队等候，到有空的线路才能使用。排队理论就是为了分析大家打通电话前的平均等候时间，如果增加几条线路，可以降低多少等候时间。借由这些分析，再决定是否要投资更多线路成本。后来，通信技术进步，接线生失业，打电话也不需要再排队。排队理论也走出了那个中心，散布在各个卖场、机场、政府机关里。

第二部

你想对数学说什么？

“我能理解大家讨厌数学的心情。但难道你们没想过，莫名其妙就被讨厌的数学也很无辜吗？它可没强迫大家学它啊。各位有考虑过数学的心情吗！”

“跟它不熟。”

“数学听到都要落泪了。”

大家上课啰！
还是没人在听
……
只是，
老师不是
逼你们走上
数学之路的人。
唉，
也没办法，
在不了解
学重要性之前
被强迫学习，
不喜欢是
理所当然的。
老师可是你们
在这条路上的
向导啊。
如果能对数学
说一句话，
你最想说什么呢？
老师刚看完
《足球小将》吗？
数学是朋友，
好热血！
被猜中了？！
哈哈哈哈
快点写！！
竟然因此而
恼羞成怒了！！！

换季了。明明温度没什么变化，但看到学生们换上长袖制服，就有种夏季正式宣告结束，秋冬来临的感觉。云方像被排挤般地独自穿着短袖。当老师三个月，尽管拉近了与学生之间的距离，但每当拿起课本，依然没人听他讲课。

想想也没办法。

在古代，大多数人都不会、也不需要数学，只有少数的商人、官员才会因为工作必须学习。这些人有学习的动机，自然学习意愿比较高。现代，学生在尚未理解到数学的重要性之前，就被驱赶上数学之路，难免心生抗拒。

“你们误会了，老师才不是逼你们走上数学之路的人。相反地，老师是帮助你们在这条路上走得轻松一点的向导。说到底，根本就是搞错了反抗的对象啊！”

云方决定请每个人写一句对数学的话，企图找出他们反抗的症结：“从幼儿园开始，你们认识数学也十几年了。想象数学是一位多年老友，如果可以对他说一句话，你最想对他说什么呢？”

“老师刚看完《足球小将》吗？数学是朋友，好热血！”

“脸红了哎，难道被阿叉猜中了？”

阿叉跟孝和接力吐槽，云方羞愧到想用指甲刮黑板，制止他们说下去。尽管被嘲笑了，大家还是很给面子地写下答案。下课后，云方独自留在教室盯着回收的答卷。

商商：同样都是知识，你却比历史、语文要无趣得多。就这点来说，你和我或许是一样的。可惜一样的人不会被彼此吸引。我们只会被相反的人所吸引……

“相反的人？啊啊，她说的是谁？怎么会有人趁这种时候告白，而且是要告白给谁看啊！”云方发现了重大秘密，一时情绪无法平复。深呼吸几口，云方翻开下一张。

欣妤：我跟你是朋友吗？谁跟你熟啊。

“有必要这么直接吗，数学听到都要哭了。”云方摇摇头，再翻开下一张。

积木：你总给人贵族般的距离感，金融、软件、工程、各种专业的领域你都样样擅长。

“说起贵族，全校应该没人比你贵族了吧。”

阿叉：数学，让我更了解人们的想法吧！

“这家伙是打算进化成万人迷的完全体吗？他最不需要数学帮的就是这个了吧。”云方叹了口气，翻开最后一张答卷。

孝和：我其实不大懂，为什么大家都不了解你。只要照着规则，重复练习，你一点儿都不难理解，

“总算遇到一个喜欢数学的——等等，底下还有一句话。”

只是也不有趣。

“唉，全部都不喜欢数学，背后的理由也各不相同：不知道为什么要学；想认真学但学不好；从一开始就排斥；就连学得好的人也不是喜欢，只是不讨厌而已。”

他散步到学校旁的咖啡厅。代课老师不需要像以前当工程师那样，每天坐在办公室里，没课时他常在这里放空。店里气氛很悠哉，坐在里头，时间的流速都变得缓慢，往窗外看去会有种逛水族馆的错觉，外头的人群像水族箱里的鱼，看似漫无目的地游来游去。但以前从外面经过时，却觉得这间店像颗嵌了座城堡的水晶球，城堡里坐着一群不用工作的人，大白天的就在享受人生。

云方啜了口热咖啡，回想起高一时有位同学问老师：“干吗要学三角函数、学微积分？我会加、减、乘、除，买菜就够用了。”

当时老师把那同学臭骂一顿，说他不上进。但骂归骂，老师却没正面回答这个问题。

现在，轮到他来回答了。

11

打工偷懒前请学内插法

“我的工作是按码表统计人数。同样都是机器，码表怎么可以这么无趣，完全比不上手机，我是码表的话，早就羞愧到让自己绝种算了。”

“码表的确快绝种了。不过，如果会内插法的话，你就可以偶尔翘班打混啰。”

“竟然教学生怎么打混——真是好老师，快说吧！”

噗
为什么欣妤在那边?!
谢谢老师请客。
(为什么认定我请客了?)现在你不是应该在学校吗?
老师也在这边打混啊。
你在打工的事其他人知道吗?
不知道!你千万不要跟大家说!

隔天早上，云方又来到咖啡厅吃早餐。窗外行人紧凑的步伐，让他想起某份数学研究提出，用行人的脚步来衡量一座城市的规模：大城市的人生活紧凑，步伐较快；乡村居民生活的步伐则比较慢。照这个规则来看，学校附近还挺都市化的。地铁站出入口像蚂蚁洞般，不断有人进进出出。蚂蚁洞外站了三位穿背心的工读生，两个在发传单，一个低着头，在按码表统计人数，远远看起来有点像欣妤。

等等，那根本就是欣妤啊。

※

坐在对面的欣妤脸上挂着大大的笑容，一脸期待地将枫糖浆淋在铺满水果的松饼上。云方问："上课时间为什么你会在这边？"

"老师不也在这边吗？"

"我负责辅导班，白天没事就不用去学校。"

"当老师真好，竟然大白天就可以打混啊。"

"就说我不是打混了，你不要转移话题。"

云方拿出为人师表的气势："你为什么上课时间在打工？其他人知道吗？"

云方指的是其他老师，但欣妤却像被抓到把柄一样，瞬间放低姿态说："老师不要跟大家说噢，拜托，我请你吃饭。"

"这顿饭是我请的吧？"

"不然这顿饭我自己出钱，就当作我请老师。"

欣妤把账单拿到自己那侧。云方愣住，一时无法理解她话里的意思。

"因为老师请我理所当然。所以我自己出呢，就相当于我反过来请老师了啊。真是的，数学不是很讲究逻辑吗？"

欣妤摇摇食指，云方叹了口气，不打算反驳。

“好吧，但你打工瞒着大家……家里出了什么事吗？”

说到最后几个字，云方的口吻转为担心。他所能想到的欣妤隐瞒的理由，只有可能是金额过大，无法解决的问题。

欣妤摇摇头，切了一片松饼送进嘴里：“跟家里没关系，老师真的不是一般的迟钝哎。”

“怎么可以用叉子指老师。”

云方躲叉子，欣妤继续说：“瞒着大家，当然就是跟他们有关啊，答案是——我要存钱给大家买礼物。”

“啊？”

“有什么好惊讶的。”

云方这下恍然大悟了。之前讨论合作社抽奖时，欣妤说过“有些东西，是爸妈也不能买给我的”，前阵子在百货公司地下街遇到欣妤时，她穿得跟现在很像，恐怕从那时候起就在打工了吧。云方感动地说：“看不出来你这么用心。”

“当然啰。”

云方的心头发热。通常这时云方应该会说“上数学课也这么积极就好”，但此时云方吐出口的是：“好，你说老师能帮你什么，我们来一起想想看！”

“给我五千块。”

“啊？！你不是要自己打……”

“哈哈，开玩笑的，老师帮不上什么忙，别乱说就好。”

欣妤又用叉子指着云方，作势威胁，接着收回叉子说：“啊，不然老师帮我一个忙好了。”

欣妤的工作是替广告公司统计地铁站各时段的人潮，让公司评

估何时该派多少工读生发传单。欣妤从包包里拿出几张满是折痕的记录表，密密麻麻写满数字。

“这是我上周的记录，从早上七点到十二点，以 15 分钟为单位统计一次，得连续记一个月。**无·聊·死·了**。同样都是机器，码表怎么可以这么无趣，完全比不上手机，我是码表的话，早就羞愧到让自己绝种算了。”

“码表的确快绝种了。”云方在内心回答。他研究起资料。欣妤又点了一份松饼：“这份回到正常模式，交给老师请我啰。谢谢老师。”

“为什么你可以吃这么多？”

“工作消耗很多体力啊，像老师这种靠头脑赚钱的人，是不会理解我们的困扰的。”

从日常反应的观察来看，云方觉得欣妤思绪很敏捷，只可惜不爱上课，不然学业表现绝对会比现在提升许多。他想起欣妤对数学的评价是——

我跟你是朋友吗？谁跟你熟啊。

就是这种不爱学习的态度啊……等等！虽然老师不该教学生偷懒，但说不定可以趁这个机会……云方评估了一下，他说：“其实，有方法可以让你的工作变得轻松许多。”

“真的吗，老师太棒了！！快说快说！”

“你看这些数据，从七点开始人潮逐渐增加，八点半达到高峰，之后慢慢递减，十一点是最低点。接近用餐时间人潮再度往上攀升。表示人潮变化是连续、有相关性的。”

云方拿了桌上摆的店内笔，在餐巾纸上画了一条曲线。

“所以你不需要一直站在那边，只要每个整点统计一次，再利用**数学**估算出没统计到的十五分钟、三十分钟、四十五分钟，人潮各是多少即可。”

云方特别强调了数学两个字。

“是说我可以溜来咖啡厅打混，只要每隔一小时出去记一次 15 分钟的人潮就好了吗？”

“嗯，给定已知八点统计的数据是 y_1，九点的是 y_2，中间的八点十五分、八点三十分、八点四十五分各是 x_1、x_2、x_3，是要求出来的未知数。你可以用线性内插法。”

“线性内插法？”

“对，假设一段时间内，数据呈现近似线性的变化时，就可以使用线性内插法。”

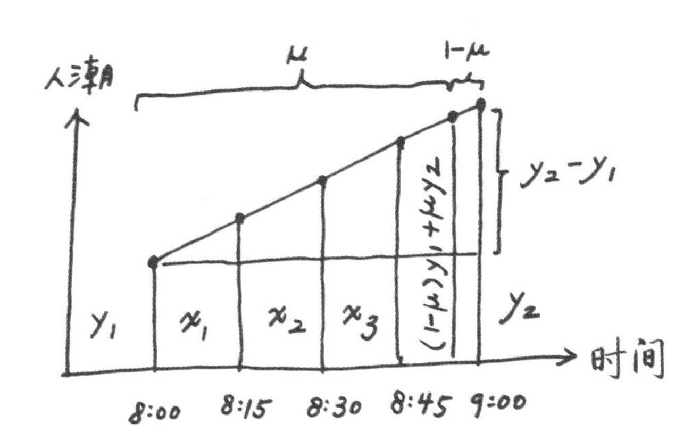

云方在纸上画下了一张图，边讲边写下计算过程。

“利用相似三角形的性质，八点十五分的人数 x_1 是 y_1 加上 $\frac{(y_2-y_1)}{4}$，整理后可得——

$$x_1=\frac{3}{4}y_1+\frac{1}{4}y_2$$

“同样地，x_2 是 y_1 加上$\frac{(y_2-y_1)}{2}$，可得——

$$x_2=\frac{2}{4}y_1+\frac{2}{4}y_2$$”

“分数化简后，x_2 是 y_1 与 y_2 的平均数，是因为 x_2 刚好落在两者中间的缘故吗？”

从没专心上课的欣好，此刻却认真发问，试图用自己的话重新解释一次云方教给她的知识，云方欣慰地回答：

“没错，完全正确。最后，x_3 是——

$$x_3=\frac{1}{4}y_1+\frac{3}{4}y_2$$

“利用这个方法，你不仅可以求出八点十五分、八点三十分、八点四十五分的人潮，还可以算出任何一个时间点的结果，只要计算出这个时间点与八点和九点这两个整点的时间差，再利用这个式子即可。

$$x_\mu=(1-\mu)y_1+\mu y_2$$

“好比说八点五十三分，μ 是$\frac{53}{60}$。代进去就可以算出来了。”

“好棒噢，老师真厉害。”

欣妤开心地试算了几组，和统计的结果比对。但一会儿，她的笑容逐渐消失。云方问：“不准吗？应该不会吧？”

“是蛮接近。只是线性内插法的结果会让人潮变化呈现线性，我担心公司会不会看穿这些数据是算出来的。老师你看，还蛮明显的哦。”

云方瞪大了眼睛，没作弊过的他在这方面的思虑周密度完全比不上欣妤，他手托着下巴思考了一下后说：“不然，线性是一次方程式，越高次的方程式，画出来的图形越圆滑，越不容易被发现。我写一条二次内插公式给你。”

宛如交代锦囊妙计，云方写下一串复杂的公式。

$$y_\mu = \frac{\mu^2-\mu}{2}y_1 - \frac{\mu^2-1}{1}y_2 + \frac{\mu^2+\mu}{2}y_3$$

“以八点十五分来说，$\mu=\frac{1}{4}$，y_1、y_2、y_3 各自是七点、八点、九点的统计结果。”

欣妤把头凑到纸前面，仿佛以为吃掉这张纸就可以搞懂这道式子，她从跟线性内插法比起来最明显的不同之处问起：“为什么需要三个时间的统计结果？之前要算八点十五分，只要八点跟九点就可以了啊。”

云方解释：“因为线性内插法是假设统计结果的变化是一次的线性方程式，现在则是假设变化为二次的曲线方程式。”

云方写下二次方程式的标准式子

$$y = ax^2 + bx + c$$

“我们相当于在解一条二次曲线，一条二次曲线需要三组数据才能够确定这道式子里的三个未知系数（a, b, c）。”

“但这样，算八点十五分的统计结果，为什么得用七点、八点、九点，不能用八点、九点、十点吗？”

云方这下更开心了，会问出这问题，表示欣妤真的理解了内插的意思。他回答：“通常我们会选时间靠比较近的那组，这样会比较准。但其实也可以改用三次方程式来内插，一次用四组统计时间，式子是——”

“等等，太难了啦，再讲下去我也听不懂了。”

欣妤制止云方继续讲下去，自己在餐巾纸上写起算式，研究内插法。云方索性好老师做到底：“不然你来统计整点的时间，我帮你写程序，跑出每隔十五分钟的统计人数吧。”

没想到，欣妤立刻回绝：“不行，这样就不算‘自己打工存钱送大家礼物’了，有公式帮我就足够了噢。”

欣妤笑吟吟地折好餐巾纸，放进口袋。云方感受到这句话中伴随的幸福感。在教室里像是大姐大的欣妤，坐在咖啡厅里，看起来果然还是孩子，流露出孩子才有的纯真可爱。

等等，她刚刚说的是“有公式帮我就足够了”吗？

云方原本想趁机跟欣妤说：“不会数学或许看不出对生活有什么影响，但会了数学，绝对可以让生活中某些事情变得简单，好比这次打工。”

似乎欣妤已经先一步体验到了。

多项式

托数学之福，很多人最讨厌的英文字母是 x，第二讨厌的是 y，因为动不动就要解像 $y=ax+b$ 这样的方程式。$y=ax+b$ 的式子右边就是标准的“x 的多项式”，顾名思义，即是“以 x 为变量，有很多项的式子”。k 次多项式则是看 x^k 的 k 值最大为多少，如果是 3 次方（$k=3$），就称之为三次多项式。每一组多项式都可以在平面上画成一条曲线，一次多项式是直线，二次多项式是抛物线。越高次的多项式，对应的曲线变化越大，因为只要 x 变化一点点，x^2、x^3 变化就会更剧烈。

12

礼物我做，排列组合你算

积木想做一个月历，靠两个方块旋转，方块每面刻一个 0 ~ 9 的数字，就能排出 1 ~ 31 号的日期。
这……真的刻得出来吗?

噔噔——
这个
欣妤……
欣妤
我改晚上打工，
别让其他人
知道。
老师，
我想请教你
一个问题。
我在给大家
做礼物，
但遇上了一点
困难……
你也在准备
礼物啦？
也？
买来的没意思，
我想要亲手做。
home-made gift.
最棒了！
唉哟，
不错哟！
等等，
你要做的是……
骰子？

我改晚上打工，今天不去上课了。

PS: 你敢让其他人知道我打工就——

云方盯着信息窗口里拿着菜刀的贴图人偶。抬起头，视线恰好和积木交会，他立刻心虚地闪开。休息时间，云方回传信息：

以后不准用短信临时请假。

“可以请教老师一个问题吗？”

积木恭敬有礼的声音在耳边响起，云方的手机差点掉在地上。抬头一看，积木拿着两个正方形的橡皮擦，说：“我在给大家做礼物，但有些地方不懂想请教老师。”

“噢，你也在准备礼物啦？”

“也？”

惊觉说漏嘴，云方呆在原地不知如何是好。好在此时凑过来的阿叉跟孝和，化解了困境。积木把想亲手做礼物的想法告诉大家。

“这么特别的节日，我不想送大家可以买得到的礼物，英文课本里说，最棒的礼物是自己做的礼物。”

“Home-made gift.”坐在第一排的商商回答。阿叉意识到积木搞不好比自己还浪漫，一脸无法接受的表情。

孝和指着正方形的橡皮擦说：“所以……你想送骰子给我们？”

积木摇摇头。“有一次旅行，我在纪念品店看到一个木制桌历，里头有两个立方体，每一面各写了一个数字，用来表示‘日’。还有三根长木条，四面各写四个月份，表示十二个‘月’。三片木条拼在一起，刚好跟两个立方体靠在一起的面积一样大，因此三根木条可以排在两个立方体底下。”

积木注视着手上的两颗橡皮擦，仿佛橡皮擦上有个屏幕，正在播放当时的画面。

“我把玩了好久，最后因为行李放不下，只好割爱。我当下就决定，要在今年纪念日时送大家一个一模一样的手做桌历。”

“一般学生的理由应该是‘太贵了’，你却是行李放不下，真不愧是积木。”

阿叉在意起不是重点的地方。孝和接话：“这种问题应该找工艺老师才对，云方一看就不是手艺巧的人，找他帮忙刻有什么用？”

“问题不是雕刻，而是出在‘数字’上头。”

积木拿起一块橡皮擦，每面都写了数字，有几面还残留着淡淡的擦过的痕迹。云方想象积木在一个橡皮擦上写错了，拿另一个橡皮擦来擦的模样。积木解释：“传统电子日历是用计算器上的七段显示器显示。”

“那是什么？”

云方拿起一旁的计算器，解释给阿叉听：“靠七条线段表示 0 ~ 9 的数字，这称为七段显示器。”

积木继续跟孝和说：“现在用两个正六面体，一面写一个数字，我发现一共十二个面，不足以显示所有的日期。”

孝和用手指敲敲桌面，想了想说：“暂时忽略数字重复的情况，两个方块一共可以显示 6×6×2 =72 组两位数，比一个月 31 天大，理论上可以表示……只是，的确，每一面的数字得经过特殊设计，不能随便乱写。至少不是每颗都从 0 写到 5。”

孝和立刻发现问题在哪里，沉吟不语。积木点点头：“孝和真厉害，我不会算，是慢慢试出来的，因为有 11 号和 22 号，所以两个

方块都一定要有 1 跟 2。再来两个六面体各剩下四个面，一共是八个面，要出现 0 和 3 ～ 9 共八个数字，刚好一面一个数字。”

阿叉忽然插嘴：“这样不就好了？”只见他把橡皮擦上的字擦掉，重新写下“1、2、0、4、6、8”以及“1、2、3、5、7、9”六组号码。

孝和接过橡皮擦，端倪了一下说：“没办法显示 4 号、6 号、8 号。”

他拿起写了“1、2、0、4、6、8”的橡皮擦给大家看：“因为这三组数字跟 0 号被写在同一块橡皮擦上。”

“啊……”

阿叉恍然大悟，积木点点头：“我就是卡在这边。明明刚好剩下来八个面要分给八个数字，但两个立方体不仅得重复 1 跟 2，连 0 也得重复。可是这么一来，两个立方体各剩下三个空白面，只能填六个数字，还有 3 ～ 9 共七个数字得表示，根本没办法做到。”

云方沉吟了一会儿，他问积木：“你确定在店里看到过这种桌历？”

积木点点头。

那应该一定有方法才对，云方想。

偏偏积木的疑惑又简洁到难以辩驳：六个面填七个数字，根本办不到。四个人围在一起想了半天，上课铃响了依然没有解散的打算。阿叉最先放弃，单手拿起两个橡皮擦抛啊抛。

“如果摊开来的是偶数，明天就跟女生约会，如果是奇数就跟数学约会。哎，0 是奇数还偶数？”

“不是奇数也不是偶数。”

商商冷淡地回，看起来有点儿不开心。“零是偶数啊，不知道商商是真不知道还是故意说错。”云方不敢贸然纠正。

“好吧，那我再抛一次好了……6 号，等等，还是这是 9 号？孝和你看。”

“你都看不出自己的字，我怎么会看得出来。”

“我知道了！！”云方大喊，众人望向他。

“立方体能任意旋转，所以可以用 6 表示 9。如此一来，六个空白面恰好够表示剩下的七个数字（3、4、5、6、7、8、9）。”

“原来如此，竟然还要用到旋转啊。都是我的功劳。”

积木拿起两个橡皮擦互擦，重新把数字填上去，测试结果。

“孝和你还在想什么。”

云方注意到一旁的孝和还在敲桌子，那是他思考的特有动作。孝和回答：“我刚在想这两个方块除了 1 到 31 外，还可以排出几组数字。”

“听起来好像考试会考的题目。”阿叉用事不关己的口吻说着。

孝和说：“答案不难，现在它们各自刻上了 0、1、2、3、4、5，以及 0、1、2、6（9）、7、8。不考虑重复，共有 $6\times7\times2=84$ 种排列。再来，扣掉重复的状况，这个状况发生在两个方块同时选到 0 ～ 2，此时对调位置不会有影响，因此得扣掉 $3\times3=9$ 种。如此一来，共可以表示 75 组二位数。也就是说除了 1 ～ 31 之外，还有 44 组二位数。”

孝和露出奇妙的微笑，说：“刚刚那个问题很有意思，我现在有一种方法解释，究竟是哪 44 组数字。首先，某些日期的个位数跟十位数对调，将落在 1 ～ 31 之外，例如 04、05、06、07、08、09 六组的对调结果是 40、50、60、70、80、90；14、15、16、17、18、19 六组的对调是 41、51、61、71、81、91；24、25、26、27、28、29 六组的对调是 42、52、62、72、82、92。其次，要考虑一块选到 3、4、5，另一块选到 6（9）、7、8 的状况一共有 $3\times4\times2=24$ 组。把这些加起来，一共是 $3\times6+24=42$ 组。”

“但还差两组？”积木问道。

孝和直接排出这两组数字，坐在位子上的商商也站起来看排出来的结果：“比 1 号还要早一天的 00，以及比 31 号还要晚一天的 32。这么一来，就好比说‘我希望在月历的延长线上，大家都一直在一起’。”

“谢谢你。我就想不出这么感人的台词。”积木认真地向孝和道谢。

云方想起积木在回答数学朋友问题时，给的答案是：

你总给人贵族般的距离感，金融、软件、工程、各种专业的领域你都样样擅长。

他逮住机会对积木解释：“数学不一定只有在非常专业的领域才派得上用场，你看，就连这个不起眼的小地方也隐藏了数学。数学跟一般生活的距离，没有想象的那么远吧。”

积木点点头，像拿着钻石般地把橡皮擦捧在手心。

可以听我再说一些话吗…

组合

组合是高中数学里的重要单元“排列组合”和“概率”的基础。它是球队教练常会遇到的问题，以篮球队来说，一支球队里有 12 个人，尽管有固定的先发 5 人，但比赛过程中还得更换球员，什么时候该换谁上场，A 跟 B 尽管是板凳上最强的球员，但一起放在场上的效果不如预期，还有没有别种组合可以尝试。尽管固定下来后，换人的规则好像看起来很简单，但事实上各种组合的数目却多到吓人。

不考虑位置的情况下，从 12 个人中取 5 个人上场，我们会用 C_{12}^{5} 的数学符号表示，这个符号代表的运算过程是

$$C_{12}^{5}=\frac{12\times11\times10\times9\times8}{1\times2\times3\times4\times5}=792$$

从这个式子里，你能看出 C 这个数学符号的规则吗?

如果看出来了，你可以验算看看，以三对三的比赛为例，一队 5 人中取 3 人上场，一共是 $C_5^3=10$ 种不同上场组合。你归纳出来的规则正确吗?

13

权力小心机，花费最少获得最多

“五位阿哥集资 100 两黄金买礼物送康熙，其中四爷有计划要送的礼物，所以想出多一点，增加自己的决定权。在这种情况下，多出到 36 两或 32 两，仅 4 两的差距，可是有着天壤之别。”

“他们想送康熙什么啊？”

“划错重点了吧。”

飒
飒
一阵风从窗外
灌进来
商商上课
居然在
听音乐……
喂，
商商……
《雍正王朝》
？！
这不是
我爸才会
看的吗？
上课不能
听音乐噢。
我看看
商商没在
听音乐啦
老师。
老师不是让我们
在课堂上
做想做的事情吗？
呃…

一阵风从窗外灌进来，课本啪嗒啪嗒地翻页，众人的头发被吹乱。云方压住讲义，看见商商用手指整理头发，露出白色的耳机线。

“商商，那个……上课不能听音乐噢。商商？”云方稍微提高音量，确定商商能听到。他有点儿疑惑，乖乖牌商商顶多（事实上是“一直”）在上课读别科，不会打混玩耍。商商听到云方的话，赶忙摘下耳机，遮住手机屏幕。手机上的吊饰晃啊晃地，仔细一看，不愧是“历女”，这回是周瑜玩偶。

“老师你误会了啦，商商没在听音乐。”

阿叉好奇凑过去一看，他说：“她在看连续剧……《雍正王朝》？！商商你怎么看我爸才会看的连续剧啊！”

“我以为……老师不是让我们在课堂上做想做的事情吗？”

商商支支吾吾，往造成误解的关键人物看去。欣妤头也没抬地回答：“拖我下水没用，我本来就没在上课，我这叫作‘玩手机等大家下课，只是刚好坐在教室里’。”

商商连忙解释：“历史课最近上到清朝，老师要我们用不一样的角度诠释一段清朝历史。我想参考一下连续剧……”

仿佛有人在调整商商的音量钮一样，最后几句话越来越小声。

“商商好用功，老师我们来帮她吧！”阿叉举手大声地说，这家伙果然有“无法对需要帮助的人袖手旁观”的个性。

“老师都帮积木了，不可以偏心只帮男生啊。”

“谁会只想帮男生啊。”云方在心里吐槽。

“老师能从数学的角度来讲一段清朝历史吗？结合数学和历史的报告应该会很受欢迎吧，现在最流行跨领域了。”

孝和一派轻松地说，看不出来是真的出主意，还是单纯起哄。

“就像苹果公司找博柏利的 CEO 担任零售总监。”

“NBA 球星去拍世界杯足球赛的广告。”

欣妤跟阿叉你一言我一语。云方的视线停留在一半被商商头发遮住的手机屏幕上，拇指尺寸大的阿哥们挤在小屏幕里，定格的模样看起来像在争论什么。

他想了想说：“权力。《雍正王朝》是一出描述权力斗争的宫廷戏，剧情吸引人的地方在于许多不起眼的动作，却牵一发而动全身，影响权力的操作、分配。”

“这跟数学也有关，会不会太硬拗了？”

“不是你叫我用数学角度来说的吗？”云方心想，看了孝和一眼，继续对商商说：“我们来玩看图说故事。假设屏幕里的五位阿哥在讨论皇阿玛生日要送什么礼物。”

“这假设也太一般家庭了吧！皇室有这么温馨吗？”

“康熙会吹蜡烛跟切蛋糕吗？我喜欢巧克力的。”

“他也许愿？他许国泰民安就不会有人说很瞎掰了。”

欣妤跟阿叉又一搭一唱，商商认真地回答：“那个时代，蛋糕可能还没从西方传进来……阿叉喜欢巧克力吗？”

“嗯，我啊——”

云方伸手制止话题再发散下去：“要是五位阿哥出资相同，每个人拥有一样的决定权，唯有超过 3 人赞成，才能决定要送什么。但要是出资有差异，每位阿哥说话的分量就不同了。其中，四爷数学特别好，他想买一幅……商商，康熙喜欢哪一位书法家？”

“他很喜欢董其昌。”

云方根本不知道他是谁，碍于老师的面子，点点头说：“我印象中也是。四爷想买董其昌的墨宝给康熙，但非常贵，定价高达 100 两黄金。为达成目的，四爷决定多出些钱，他巧妙地说：‘我们凑

100 两黄金，我多出一点儿无所谓，36 两。剩下来的就请各位兄弟平摊吧！’”

云方在黑板上写下（36, 16, 16, 16, 16）。

“这组数字有特殊含义吗？”孝和隐约看出不对劲。

“有，这步棋非常高明，很有效地利用金钱换取权力。我们来看，四爷出资 36 两的情况下，只需要拉拢任意一位盟友，就拥有 36+16=52 过半票数。”

云方又补了一组数字（32, 17, 17, 17, 17），他说：“但要是四爷数学差一点，只肯出到 32 两黄金。这么一来，想买董其昌画作得寻求至少两位其他阿哥的同意，超过三人才能够通过表决。”

“32+17=49<50 没过半，36+16=52>50 过半。”积木在笔记本上算着。欣妤说：“32 两的那个状况不是白多出了，跟每人出 20 两的状况相同？”

云方点点头，“对，换句话说，四爷多出的 12 两一点意义也没有。要是其他三位阿哥决定拿这笔钱去买夜壶，他也只能答应。”

“谁敢买夜壶当礼物啊，暗示康熙尿频吗？”阿叉打岔。

积木说：“可是，照理来说，应该出越多就越有决定权不是吗？”

云方解释：“因为权力的关键不仅在于谁出多少，更重要的是谁能决定**过半**。”

欣妤不屑地说：“原来如此。积木你记不记得之前我们合送礼物给你朋友，他女朋友说什么她多出一点儿，想要买球鞋给你朋友。照这样看来她出的根本不够多啊，凭什么让她决定，那球鞋丑死了。”

“没错，出的金额不能完全代表权力，有一种更精准的量化方式称为沙普利 – 舒贝克（Shapley-Shubik）权力指数，定义是**越容易左右投票结果的人**，沙普利 – 舒贝克**权力指数越高**。”云方附和。

阿叉身子往前探看："每次都搞不清楚老师是在上数学课还是英文课，一直跑出一堆英文单词。这次又是什么'鲨鱼'（shark）？"

"那是人名，沙普利和舒贝克两位数学家。"

商商温柔地向阿叉解释。阿叉搔搔头，露出恍然大悟的表情。

云方说："举例来说，有四位投票者 A、B、C、D 分别握有 2 票、5 票、3 票、3 票。总票数为 13 票，7 票过半。如果 A 先投下赞成票，当 B 投下赞成票时票数会过半，B 就是这个状况下的**权力者**：在前面的人都赞成的情况下，轮到某个人时，只要他赞成就能通过，那他就是权力者。"

"另一种状况，A 先投赞成票，接着 C 投赞成票，但依然不过半。"

云方停了一下，让大家消化他说的话。

"所以 C 不是权力者，但如果 C 也赞成，下一位投票者的出场就很有底气了。因为他的赞成象征着过半，所以他就是这次投票的权力者。"

孝和歪着头，想了想发问："老师的意思是说，权力者不只和每个人的票数有关，也会受投票的顺序影响。但又不知道投票顺序，这样该怎么计算权力指数呢？"

"我们可以借着考虑所有投票顺序，统计不同投票顺序中，每位投票者成为权力者的次数，再除以投票顺序的总数，就可以消除顺序的影响，得到只跟票数有关的权力指数。好比三位投票者 A、B、C，共有 6 种不同的顺序：ABC、ACB、BAC、BCA、CAB、CBA。于是要统计这 6 次中，每人各有几次会成为权力者，再除以 6，就是每人的权力指数，来看刚刚的例子。"

云方走回方才在黑板上写下（36, 16, 16, 16, 16）的位置，又列出几种顺序。

36→16→16→16→16

16→36→16→16→16

16→16→36→16→16

16→16→16→36→16

16→16→16→16→36

“我们先只列几种，不过这几种刚好能代表全部。5 种顺序里有 3 种顺序，出 36 两黄金的四爷都是权力者，他的权力高达 $\frac{3}{5}=60\%$。其余 4 人平分剩下的 40%，权力指数成了（60%, 10%, 10%, 10%, 10%）。四爷拥有过半的绝对权力。实际上正是如此，只要找到一个人支持他就好，但如果其他人要反对他，得四位结盟才行。”

孝和不发一语，手指规律地敲着桌面，看起来像高速运转的计算机，只差眼睛没有闪烁着读取硬盘的黄灯。

“权力指数真的跟一眼看到的金钱数字很不一样。”

他公布心算结果：“借用老师的例子，将五位阿哥的出资比例改成（35, 28, 22, 14, 1），假设出 14 两黄金的人是十四爷，出 35 两的是四爷。乍看之下十四爷也蛮有分量的，可是实际上他根本没办法影响决定，因为权力指数是（37%, 28%, 28%, 3%, 3%），他跟只出 1 两黄金的阿哥一样没用。”

5 个人的排列组合共有 120 种，要找出这种例子不知道又要经过多少运算，孝和竟然能在几秒内算完。云方光看他计算就觉得很过瘾，用阿叉的比喻，大概就是少年棒球员在看职业棒球选手挥棒吧。

孝和继续说：“可是，要是十四爷怂恿四爷再多出 1 两，第三名的阿哥少出 1 两。仅仅调整 1 两，权力指数却调整成（45%, 20%,

20%, 12%, 3%)。四爷的权力一口气上升 8%，四爷很满意。但最大的受益者其实是十四爷，权力指数从 3% 暴增到 12%。老师，这又该怎么解释呢？”

“因为四爷原本只能靠着拉拢第二名、第三名来过半，拉拢第四名的十四爷根本没意义。但四爷加码后，就算拉拢十四爷也能过半，因此十四爷就变得有权力了。让自己变得被需要，不一定要提升自己的能力，也可以降低自己被需要的门槛。”

云方顿了顿说：“所以啰，权力游戏中总是出现‘联合次要敌人，打击主要敌人’的场景。”

“噢——”教室里发出一阵恍然大悟的声音。阿叉关心地问商商：“这样有帮到你吗？”

“有、有，帮助超大的，谢谢。”商商紧张地握着周瑜玩偶，如果要用 RGB 色码表示商商的脸，现在铁定是红 255，其他都为 0。

“哦，那就好。”

阿叉露出松了一口气的模样，欣妤忍不住吐槽：“又不是你帮的，‘那就好’个什么啊。”

“孝和是我好朋友，我们不分彼此的。”

“第一次听到帮忙的功劳也能共享。”

“学到新东西了吧，也别忘了跟孝和说谢谢噢。”

听着阿叉跟欣妤斗嘴，云方想起问大家“想跟数学这位朋友说些什么”时，商商交回来的答案是

同样都是知识，你却比历史、语文要无趣得多。就这点来说，你和我或许是一样的。可惜一样的人不会被彼此吸引。我们只会被相反的人所吸引……

这是个好时机，云方立刻说出他准备好的台词："其实我们可以把数学看成一种语言，运算规则是语法，运算过程是描述，这种语言有点难，极度讲究精准、量化。虽然不好理解，可一旦理解了，对于像权力分配这么复杂的事物，也能描述清楚。花时间学会数学，换来懂得更多更复杂的事物、更多新的知识，这跟学一种新语言的乐趣不是很像吗？"

看不出来商商到底理解不理解云方的意思，不过，云方注意到，她的嘴型正无声地重复着自己的话——"数学，是一种语言"。

可以听我再说一些话吗…

排列

“排列”也是高中数学里的重要单元“排列组合”和“概率”的基础。以生活中的例子来说，假如早餐店有豆浆、米浆、奶茶三种饮料，你想每天交替喝，那么从星期一到星期三这三天，星期一有 3 种选择，星期二剩 2 种，星期三只剩 1 种选择，一共是 $3\times2\times1=6$ 种。在数学上我们会用“3!”来表示“$3\times2\times1$”，意思是从 3 一路连乘到 1。如果只剩下奶茶跟米浆，且你（我）比较喜欢喝奶茶，有两天会喝奶茶，计算会变得比较复杂。我们可以用一个小技巧——将两杯奶茶编号为 A、B，这么一来，三天还是有 3 种选择，一共是 6 种，但最后得再除以 $\frac{6}{2}=3$ 种，因为星期一、三喝奶茶 A、B，和星期三、一喝奶茶是一样的。验算一下，其实只有星期一喝奶茶、星期二喝奶茶、星期三喝奶茶这 3 种选择，跟刚才的 $\frac{3!}{2}$ 一样。

14

婚姻方程式

“从一对夫妻的聊天过程，量化两人的情感。产生幽默、认同的反应是 +4 分；生气、发牢骚是 -1 分，鄙视最糟糕，是 -4 分噢。”

“老师，如果聊天时另一半跟我讲数学，应该是 -10 分吧。”

数学科考试
快到了
讲解习题
真无趣。
要是有人能
录下讲解，
放上网就好了。
看吧，
老师也不喜欢
算习题，
还逼我们！
这跟把不喜欢的菜
丢到别人碗里一样！
它有
教学影片、
习题，
学得好
还会获得勋章，
有点像在线游戏。
老师，
我在家会看一些
教育平台网站。
我也看过。
先别管习题了，
有更严重的问题
在等着我们！
老师
结婚了吗？
没有
台湾地区一年
有约 13 万对
新婚夫妇。
2013 年
有 53 599 对
夫妻离婚，
平均
每 10 分钟
离 1 对。
这跟考试
有什么
关系啊？

咔、咔、咔、咔……

云方在黑板上飞快地写下式子，数学科考试即将于一个月后举行，如今的进度却严重落后。

没办法，上课时间都耗在聊天上了。

当老师后，云方才知道原来老师比学生还喜欢上课聊天。比起念课本、解习题这种死知识，聊天才是真正能让老师发挥的时刻啊！

“要是有人把讲解内容录下来，放到网络上就好了。”云方埋怨。

欣妤逮着机会吐槽：“看吧，老师也不喜欢算习题。自己不喜欢的还强迫别人做，跟把不喜欢吃的青菜夹到别人碗里一样过分。”

“你不是都这样对积木吗？”阿叉的头从报纸后探出来发问。

欣妤支支吾吾：“那是因为他喜欢吃青菜，对吗，积木？”

“嗯。”积木应了一声，转过来回答云方：“老师，我偶尔会在家看一些教育平台网站上的教学影片、习题，网站还会记录学生的学习成果，根据成果发勋章，统计分数。”

“听起来有点像在线游戏……”商商小声地说，身为“历女”的她，对数学在线游戏似乎颇有兴趣。

云方想，这种工具或许能将老师从课程进度的压力中释放出来。学生在家自学，到学校后，老师再针对不懂的部分指导，有基础的学生可以分组讨论，不用全部看老师个人秀，或像现在全部不理老师，甚至还有人在看报纸……

“这比例太高了。”

阿叉打断大家的对话，将报纸递给凑过来看的孝和。

“台湾地区一年约有 13 万对新婚夫妇。根据统计，2013 年有高达 53 599 对夫妻离婚，平均一天有 147 对夫妻离婚。”

孝和继续算：“每一小时约 6.1 对，每 10 分钟 1 对。好多噢。”

“好恐怖！离婚根本是夫妻限定的传染病，老师结婚了吗？”阿叉高声问。

“没有。”

“那就好，不用担心被感染了。”

云方无言地瞪着阿叉。

欣妤问：“有什么数学可以分析婚姻，促进婚姻感情的吗？这跟考试有什么关系啊？”

“现在得赶课，不能再浪费时间闲聊了。但对学生提出的数学问题置之不理，是老师该有的态度吗？”两派意见在云方内心交战着。阿叉掏出手机说：“我帮你搜索看看噢……有个心理学家提出一道方程式，说只要这道式子解出来的值为正的，感情就会一直很好。最后一个字我不会念。英文界的女超人可以帮忙一下吗？”

阿叉把手机递给商商，商商看了一下后立刻把手机推回去，半晌说不出话。孝和接过来念出声：“The frequency of love-making minus the frequency of quarrels（亲热的频率减掉争吵的频率）。quarrels，争吵。”

“阿叉你好低级噢！”欣妤露出嫌恶的表情。

“低级的是这位叫罗宾·道斯（Robyn Dawes）的心理学家吧。”

云方叹口气说：“牛津大学数学教授詹姆斯·莫瑞（James Murray）曾经提出一套婚姻方程式。”

说也奇怪，决定放弃进度后，反而有种豁出去的开朗。

“这位教授邀请数百对夫妻到研究室，针对特定主题开展对话，例如金钱、政治、两性。他记录并分析夫妻们的聊天过程，从中量化双方的情感。”

“情感也能量化？”

阿叉露出不可思议的表情，云方点点头，在黑板上画了张表格。

情感类型	分数
爱意，幽默，认同，喜悦	+4
有兴趣	+2
生气，不讲理，哀伤，发牢骚	−1
挑衅，防御，拒绝聆听	−2
令人作呕	−3
鄙视	−4

“我同意幽默重要，但鄙视有这么低分吗？”

阿叉发问，欣妤用理所当然的口吻回答：“当然啰，女生可能会喜欢坏男人，但绝对不会喜欢上自己瞧不起的男人。商商你说呢？”

商商想答，又立刻捂住自己嘴巴。云方想帮助商商脱困，赶忙用手机传图片给欣妤。

“欣妤你看，他利用量化结果画出这张图。图中的 y 轴是夫妻对话累积的分数变化，x 轴是对话时间……

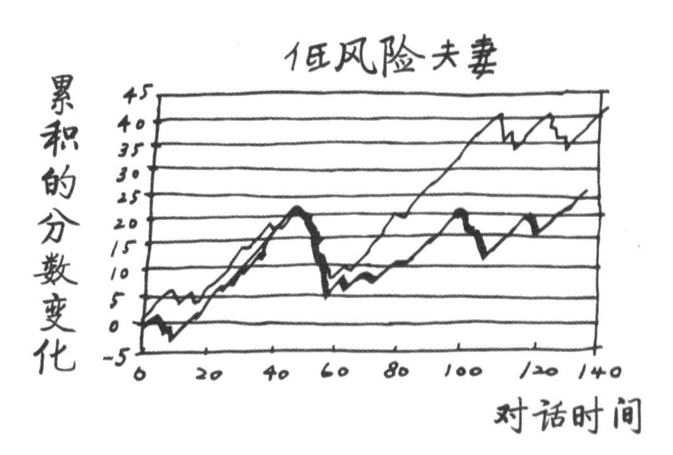

这是一对有着稳定婚姻关系的夫妻，双方的感情分数随着互动而上升，表示感情很好。”

“老师你把图片传到聊天的群组吧。”

一会儿，云方看见一个“云方数学”的群组。云方有点儿意外，自己竟然被学生加入了聊天群组，还以他命名。

“另一张示意图是将丈夫与妻子的分数，分别当成 x 轴与 y 轴画出来的结果。”

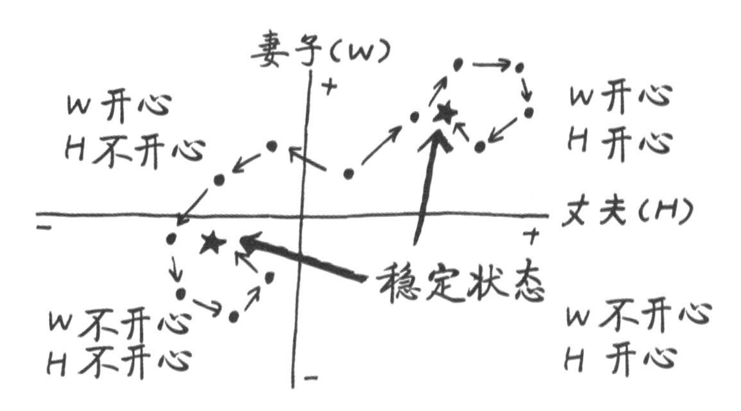

“第一象限表示双方都有好心情，第三象限是双方都不开心，第二与第四象限则是一个人开心、一个人不开心。在这个例子里，起始的蓝点在第一象限。”

“小确幸起始点。”

阿叉插嘴，云方继续说：“依据向左走、向右走会出现两种收敛状况。往右表示互动越来越好，最后收敛回起始点右上方的星号，表示对话中，双方都更开心；往左走表示丈夫先不开心，妻子受到影响也不开心，之后两人大吵，稍微冷静后，收敛在左下角的星号，是双方都心情不好的第三象限。”

“既然夫妻会互相影响，那可以量化出互相影响的程度吗？”

孝和问，云方在黑板上写下两道式子

$$W_{t+1} = a + r_1 W_t + I_{HW}(H_t)$$
$$H_{t+1} = b + r_2 W_t + I_{WH}(W_t)$$

“可以。心理学家用递归数列来模拟夫妻情感的互相影响。t 是时间，H_t 和 W_t 是丈夫和妻子在时间 t 的情感数值。(a, b) 是妻子与丈夫的情绪起始值。(r_1, r_2) 是前一刻情绪累积到这一刻的系数，越高表示越容易记得另一半对他的好，也越容易记得以前的不好。”

“站在女生的角度来看，念旧跟翻旧账的系数不同。”欣妤说。

“$I_{HW}(H_t)$ 表示此刻妻子受到丈夫前一刻反应影响的**影响方程式**。反过来，$I_{WH}(W_t)$ 是妻子前一刻的反应，对此刻丈夫的影响。我传一张图给你们看，这是某位妻子的影响方程式，x 轴是丈夫的情绪变化，y 轴是妻子受到的情绪影响。

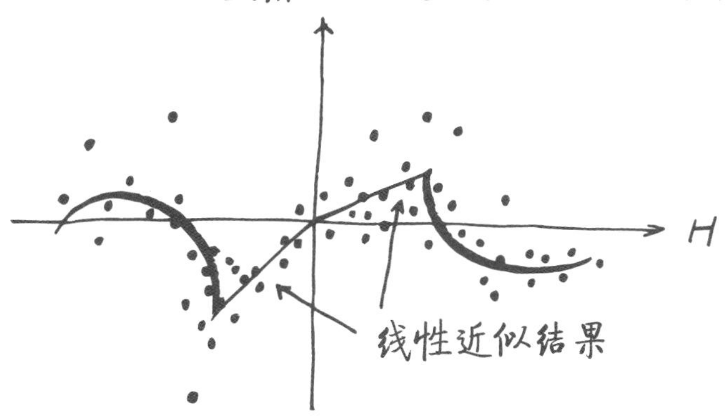

“这张图里，在一定范围内，妻子的情绪变化与丈夫的情绪变化成正比。但超过一个极限，即会开始和丈夫唱反调。”

“我爸妈的状况也大多是这样。”阿叉点点头说，云方哀怨地看了他一眼。

“詹姆斯·莫瑞将影响方程式以二段式的线性逼近，跟上次我教你的那个线性内插法有点相似。”云方对欣妤说，欣妤回答：“老师在说什么？我听不懂哎。”

云方察觉她眼神中隐藏着杀气，猛然想起打工是不能说的秘密，赶快转移话题。

“图中丈夫生气时，妻子情绪变化可用斜率大于 1 的线性逼近，表示妻子会更激动，比丈夫更生气；当丈夫开心时，线性逼近的线段斜率小于 1，妻子就没那么开心。”

云方在群组里传了有这份研究文章的网站地址，他说：“这位教授整理出好几种不同类型的影响方程式，代表不同的人格，好比说，浪漫、热情、戏剧化的不稳定型，就像那部很红的电影《史密斯夫妇》主角一样。理智型的呢，则是冷静、懂得认同彼此、细水长流。”

“像大茂黑瓜[1]那样吗？”

“哎？嗯，对，没错。”

云方讶异积木竟然用出这么古老的广告作为例子。商商将英文网站内容翻译成中文念出来：“逃避型的特色是感情好时愿意分享，意见不合时避免争执。不稳定婚姻最主要的起因是夫妻的影响方程式互斥，比方说，妻子是不喜欢争执的逃避型，但丈夫却是理智型，坚持和妻子有良好的沟通。”

“硬逼人说话真的不应该。肚子痛不是放个屁就不痛了，忍着不放，也是一种体贴啊。”阿叉仰望着说。商商继续翻译：“或者妻子是热情奔放的不稳定型，但丈夫是理智型，浪漫的妻子期待落空次数多了，感情也会变差。”

① 大茂黑瓜是台湾地区高级酱菜系列食品罐头。——编者注

可以听我再说一些话吗…

统计

概率跟统计常常被同时提到。某种程度上来说，它们是一体两面的学问。以学校课本最常举的例子“一个篮子里有红球跟白球”来说，知道里面有几个红球、几个白球，然后考“连续抽到两个红球的概率”，这是概率问题。反过来说，当不知道里面有几个红球、几个白球，要抽几次，才能估算出到底白球和红球的比例，这个是统计问题。

参考文献

J. M. Gottman, J. D. Murray, Catherine C. Swanson, Rebecca Tyson, Kristin R. Swanson. “The Mathematics of Marriage: Dynamic Nonlinear Models”. *MIT Press*, Cambridge, MA, 2002.

15

高达 100 分贝的情谊

“不妨说：‘比起一开始，如今的我对你的喜欢又多了 3 分贝。’”

“啊？”

“3 分贝就是两倍的意思，分贝是一种表示两个数相对关系的单位，用到了对数（log）。”

“老师，你还记得上周我们说过，如果聊天时对方开始讲数学，会被扣 10 分吧。”

你看这篇文章……
你们是多讨厌上数学课啊。
老师，不是针对你嘛。数学真的太无聊了。
上一整天的课很累了。人类啊，是无法持续在同个地方做同件事情的，
这是先天演化使然。
干演化什么事？
根据演化，原始人的生活如果太规律，
被狮子老虎看穿，很容易被吃掉啊。
你们哪来的规律啊……我才要被学校吃掉。
切，竟然是为了自己。
老师真的很紧张吗？
描述一下有多紧张？
难道比考数学还紧张吗？

“你们是多讨厌上数学课啊……”

云方垂头丧气，仿佛被击倒后勉强起身的拳击手，摇摇晃晃，随时会再倒下。距离数学科考试的日期越来越近，在这家学校里，学生成绩与老师业绩之间被画上等号，要是测验结果不理想，云方恐怕真的要被 K.O. 了。

“老师，我们不是针对你嘛。是数学课真的太无聊了。”

欣妤难得没吐槽，安慰起云方，

“此外，我们又上一整天的课了，很累哎。人类啊，是无法持续在同个地方做同一件事情的，这是先天演化使然。”

“为什么？”云方不懂，怎么扯到演化去了。

“原始人的生活如果太规律，被狮子老虎看穿了，很容易被吃掉啊。”

“这么说来，你们明明很规律地做自己的事，都不上数学啊。”云方反击。

“正所谓‘变化才是唯一的不变’嘛。”

“老师干吗这么紧张？不过就是考试嘛，考不好我们也不会怪你的。”阿叉说。

云方回答：“你们考不好，我就要丢饭碗了。”

“切，竟然是为了自己。”说归说，阿叉不讨厌这么坦率的回答，“老师不需要担心，孝和一定考满分啦。”

“必要的话我可以连阿叉的考卷一起写，就有两个满分啰。”

“为了老师，也只好作弊了。”阿叉摊手叹了口气。云方环视众人，孝和满分没问题，欣妤跟阿叉勉强过及格边缘，商商和积木这两位，恐怕加起来还不到 60 分。知道自己拖累大家，商商赶忙道歉：“老师对不起。”

“没关系，你不用紧张啦，老师的事情，老师自己紧张就好。”

一旁的阿叉自言自语着，“‘有多紧张’……这句话好耳熟……”

“我想起来了！！”阿叉忽然大喊，引起众人注意。

阿叉继续说：“喜欢一个人也可以说‘紧张’他吧？老师形容一下你现在有多紧张，让我参考一下。”

云方正想拒绝时，想起了阿叉回答“给数学朋友的一句话”的答案：

数学，让我更了解人们的想法吧！

觉得与其说这是阿叉对数学说的话，更像挂在庙里的许愿牌上的话。既然如此，就让数学之神实现他的愿望吧。

“讲完这个就要上课噢。”

※

“要回答有多喜欢、多紧张之前，得先想办法量化情绪。”

“类似上次那个婚姻方程式那样吗？”

云方对孝和点点头：“没错。要量化一个东西，得先找到**基准点**。举最常见的‘长度’做例子，米就是长度的基准点。商商知道米的定义吗？”

商商沉默了一会儿，回答：“最初是以通过巴黎的经线，从赤道到北极的距离的千万分之一。之后是零摄氏度时 Mètre des Archives 的两道刻度距离，定义为一米。”

“Me 什么？”

“Mètre des Archives，翻译成中文是米原器。”

“商商连这个都懂，好崇拜噢。”

阿叉完全没意识到自己惹商商不开心。商商一脸复杂的表情，继续说："目前是用光速来定义。"

云方补充："没错，光走 $\frac{1}{299\ 792\ 458}$ 秒的距离，就是一米。不过其实讲长度时不一定要用米，用一部手机做基准也可以。"

阿叉拿出手机量："一部手机约 12.5 厘米。所以我可以说我身高是 14.4 部手机啰。"

"也可以说你的身高是赤道到北极距离的千万分之 1.8，或是光走 6 纳秒的距离。阿叉你低头看到自己的脚，是 6 纳秒以前的脚噢。"孝和用夸大的语气解释。

云方说："我们用米只是为了省略掉原本那一长串，有关经线或光速，讲出来大家也无法想象的长度。有基准后，连'辣'这种因人而异的感觉也可以量化。甜椒为 0 ~ 5 度，普通辣椒约 10 000 度，知名的辣椒酱塔巴斯哥（Tabasco）则是 2500 ~ 5000 度。"

"真的吗？怎么算出来的？"欣妤很感兴趣。

"辣度的基准是从食物中萃取一单位辣椒素，加水稀释后，再找人来品尝。不考虑品尝过程中造成的液体损失，当受测者吃不出'辣'的感觉时，稀释溶液与原本辣椒酱的比例，就是量化的'辣度'。"

"负责测试辣度的专家嘴唇应该都跟香肠一样肿。"

欣妤皱起眉头又问："饮料里的糖分也可以这样量化吗？"

"可以，糖度的基准点白利度（brix）就是 1 克蔗糖融在 100 克水中的糖度。"

"这样以后去点饮料就不用说什么三分糖、五分糖，说 10brix 超专业的。"阿叉说。

孝和研究起黑板上的数据，说："辣度差距好大，甜椒只有两三度，Tabasco 一下就跳到 5000 度。"

“还有一个叫特立尼达蝎子布奇 T 辣椒[1]，将近 150 万辣度。量化时常常会遇到一个问题——**被量化的事物之间差异大**。这种情况下，比起**绝对**的基准点，使用相对的概念会更好。好比说，媒体形容某国人一年吃过的快餐盒堆积起来有多高，通常不会讲几米——”

“会说有几栋 101 高。”欣妤立刻接着说。

云方点点头：“没错，我们也可以这样描述辣度，用连续的两项产品作为基准点：特立尼达蝎子布奇 T 辣椒是一般辣椒的 150 倍，一般辣椒是 Tabasco 的 2 倍，Tabasco 则是甜椒的 2500 倍。好处是量化的倍数会比较小，比较好想象。”

“可是想知道特立尼达蝎子布奇 T 辣椒是 Tabasco 的几倍，就得牵扯到比加减还麻烦的乘除了。”阿叉咕哝着。

“所以就有了‘分贝’这个单位来减少运算的复杂度。”

“噪声的那个分贝吗？”

云方点点头，在黑板上写下——

$$x\,\text{dB} = 10\lg\frac{A_1}{A_2}$$

“给定基准点是 A_2，A_1 可以用 x dB 来量化。在分贝换算下，特立尼达蝎子布奇 T 辣椒比一般辣椒要辣 21.8 dB，一般辣椒比 Tabasco 辣 3 dB，那么，特立尼达蝎子布奇 T 辣椒就比 Tabasco 辣 24.8 dB。你们看，分贝可以将原本用乘除运算 150 × 2=300 的倍数问题，转化成跟传统的线性刻度一样，用加减法运算 21.8+3 =24.8 来解决。”

“为什么可以这样？啊，跟对数的乘法规则有关吗？”阿叉自问自答。

① 特立尼达蝎子布奇 T，黄灯笼辣椒的一种，曾是吉尼斯世界纪录最辣的辣椒。——编者注

“完全正确。”云方感到欣慰，闲聊中“偷渡”了课程内容，还是有点效果。

“差 10 倍刚好是 10×lg10=10 分贝，差 100 倍则是 10×lg100=20 分贝，刚好是两个‘差 10 倍’换算成分贝的相加。噪声也一样，假如书店、教室跟马路的噪声各是 50、60、70 分贝，我们就可以知道教室的音量是书店的 10 倍，马路上又比教室吵 10 倍，马路总共比书店吵 100 倍。”

“原来如此，相对的基准是关键，再搭配分贝，就可以回答到底有多紧张了。”

“用朋友的感情来当基准点吧，我跟商商可以借你用，不过这样答案可能是 −20 dB。”

欣妤得意地扮鬼脸。沉默许久的积木忽然说：“以‘当下的关系’当基准点，去量化‘未来的关系’呢？你可以跟她说：‘如果以现在为基准点，我们继续这样相处下去，可能每隔一天，我就会多喜欢你 3 dB。’”

“不愧是高手，而且——”阿叉拍手说：“如果对方不懂什么是 dB，还可以趁机转移话题。”

阿叉低头算了好一会儿，抬起头来时一脸得意：“如果这么说：‘一个星期后，我喜欢你的程度跟今天比，就像特立尼达蝎子布奇 T 辣椒跟一般辣椒的辣度差异。’不错吧，幽默又有趣。根据婚姻方程式，幽默可以加四分咧。”

众人讨论起阿叉的说法，只有商商没说话。

“……我特别吗？”商商很小声地问，阿叉思考了一下，露出灿烂的笑容说：“当然啊，你是语文、英文、历史地理的女超人。全校最特别的女生了吧。”

商商的脸顿时比其他人红了 20 dB。

指数与对数

$7\times7=49$，$7\times7\times7=343$，$7\times7\times7\times7=2401$……有些时候，我们得处理这种自己乘自己的状况。与其算出等号右边的数值，不觉得左边看起来更规律吗？因此数学发明了“指数”表示法：$7^3=7\times7\times7$，$7^4=7\times7\times7\times7$。

对数是指数的另一种呈现方式，两个数 x、y 之间的关系为 $x=10^y$ 时，可以反过来用对数表示

$$y=\lg x$$

举例来说，$\lg100=2$ 意思是“100 是 10 的 2 次方”。$\lg2\approx0.3010$ 则可解释为：10 的 0.3010 次方约等于 2。对数的好处在于能用一组小数表示另一组大数，进而简化计算。举例来说，两组数 A 与 B 取对数后，相加的结果即是两组数先相乘再取对数：

$$\lg x+\lg y=\lg xy$$

例如，假设 $x=100=10^2$，$y=10=10^1$，可以得到 $xy=1000=10^3=10^{1+2}$。将 xy 取 lg，可得到 $\lg xy=\lg1000=\lg10^{1+2}=1+2=\lg10^1+\lg10^2=\log(x)+\log(y)$。

这就是文章里阿叉说到的“对数的乘法规则”。

16

分蛋糕是个逻辑问题

“分得公平，不是让 N 个人都分到 $\frac{1}{N}$，而是要让每个人都觉得自己拿到至少比 $\frac{1}{N}$ 大，且别人没拿超过 $\frac{1}{N}$。前者是满意自己拥有的，后者是不会嫉妒他人拥有的。”

“人心真复杂。”

“是吧，数学相较之下还简单一点。”

超展开教室
万岁！！
哇！！！
这是积木准备的
惊喜吗？
不是
我啊……
超展开教室
成立一百天
快乐！！！
看到积木
做礼物后，
我们就
偷偷策划。
大家一起
庆祝啊。
蛋糕可是
老师挑的哟。
果然——
我有
不好的
预感
唔，
老师挑
的吗？
84
220

今天是超展开教室成立一百天的纪念日。傍晚，欣妤和积木来上辅导班，看见空荡荡的教室正中间摆了个蛋糕。

“积木你好用心——”欣妤赞叹道，积木却满脸疑惑地说：“不是我准备的……”

“纪念日快乐！！！”

忽然，其他人从窗帘、桌子底下钻出来，云方也搔着头，不好意思地从讲台后方站起来。阿叉走到两人面前：“上次积木在课堂上问老师要怎么做礼物给大家，我们就在想，这么重要的日子，当然要一起庆祝啊。”

“你们怎么这么感人。”欣妤开心地说。

孝和接着讲：“蛋糕可是老师去挑选的。”

“唔，这让我有不好的预告……果然！”

欣妤打开蛋糕盖，发出哀号。圆形的蛋糕上面有用巧克力酱画出来的各种数学符号：虚数 i、圆周率 π、自然数 e。中间则是用饼干做成的两组三位数：284 与 220。

“这两组数是干吗的？啊，我随便问问，不用当真。”

阿叉后半句话说得迟，云方已经开始回答：“284 可以被 (1, 2, 4, 71, 142) 整除，而 1+2+4+71+142=220。同样地，220 可以被 (1, 2, 4, 5, 10, 11, 20, 22, 44, 55, 110) 整除，而 1+2+4+5+10+11+20+22+44+55+110=284。这两组数各自的正因子相加，会等于彼此。在古希腊象征了最完美的感情。”

“噢——看不出来数学还有这么浪漫的一面。”

阿叉拍拍云方的肩膀。看过大家在一起努力做礼物的画面，云方受到感动。因此当阿叉提议买蛋糕时，他立刻想到这套数学的庆祝方式。

“这叫作亲和数，相传是毕达哥拉斯发明的，就是直角三角形勾股定理的那个毕达哥拉斯，他对这组亲和数下了段评语——”

“够了，谢谢老师！老师你该学习一下什么叫作‘适可而止’。”欣妤断然阻止云方，把刀子交给孝和：“请数学最好的人来分蛋糕吧，要怎么切成六等分呢？”

“数学最好的明明是我。”云方不平地想。

阿叉仿佛在参加益智节目，拍桌子抢答：“圆形的圆心角是360度，一个人分60度就可以均分了。”

“可是要怎么量出60度？”这个嘛，无法招架问题攻势，阿叉陷入沉思。

孝和回答：“很简单，我们先量半径长度，再从蛋糕边缘任一点出发，画一条长度跟半径一样的线段。如此一来，线段的起点、终点以及圆心形成的三角形三边长相等，是正三角形，能确定两条半径间的夹角为60度。”

“噢——好厉害噢。”众人露出崇拜的眼神，云方点点头说：“方法不错，不过，其实不用那么精确，也可以做到公平。”

“不精确也能公平？”

“公平很主观，只要当事者觉得公平，实际上不公平也没关系。反过来说，当事者有意见，就算用量角器量也没用。”

“就像篮球比赛，不管怎样的关键判决，总有人会有意见。”

云方拿起刀子比画：“从最简单的例子看起，如果只有阿叉跟孝和两个人分蛋糕，最公平的分法就是，阿叉负责切蛋糕，然后孝和先挑要哪一块。”

这么简单？众人安静了一会儿，在同一时间恍然大悟。

“这个逻辑思考背后隐藏了相当重要的数学概念——最大化最小

值（max min）。阿叉知道自己一定会拿到小的那块，所以得尽量最大化最小值。最大化最小值在许多分配问题中常出现，例如受灾户的资源分配……啊。”

云方想起刚刚欣妤告诫的“适可而止”，赶快住嘴。欣妤满意地笑说：“老师学得很快，很好。那我们六个人该怎么分呢？”

“六个人太复杂了。不如这样吧，我们先分三组，把蛋糕分成三等份。之后，每一组再用刚才的方法二等分。欣妤积木一组，我跟孝和一组，商商阿叉一组。”

云方偷偷帮了商商一把，商商的笑容像花朵绽放开来，可惜阿叉完全没注意到。孝和说：“三人分，把刚才两人分法延伸不就好了吗？让阿叉组先切一刀，然后慢慢挪刀子，直到我们或积木组有人喊停，就切一块下来，那块给喊的那组。然后没喊的那组跟阿叉组再用方才的两人分法来分。”

云方对孝和的学习能力感到惊讶，他不仅吸收知识的速度很快，还可以立刻改良。

“这方法接近完美，可以让每一组认为自己能拿到至少$\frac{1}{3}$的蛋糕。”

“接近？”孝和皱起眉头。

云方顿了顿：“有人可能怀疑别组拿到超过$\frac{1}{3}$。比方说，第一个拿走蛋糕的是我跟孝和这组。是我们喊停的，所以我们认定自己拿到至少$\frac{1}{3}$。等到阿叉分蛋糕时，我们搞不好会觉得他切得不均匀，让积木跟欣妤选到一块超大的。”

“两位住海边吗，管这么宽？”

“真正要做到既满意自己这份，又不会嫉妒别人那份，得先三等分——”

云方将刀子递给商商，欣妤开玩笑地接着云方的话说：“让商商切，是想让就算有人觉得不公平也不好意思说吗？”

一听到这话，商商犹豫着不敢接下刀子，阿叉伸手过去。

“我来代表吧。”

“英雄救美噢。”欣妤起哄。

切好后，云方把刀子拿给欣妤：“接下来，欣妤挑一块你觉得最大的，切一小块下来，让他跟第二大块的一样大。”

“不可能有最大的，我分得那么好，三块当然一样大。对吧商商？欣妤你还切！”

欣妤将一份蛋糕切下一小片，变成三大一小。

“好，现在孝和代表我们先选一块吧。”

孝和挑了一块。云方接着让积木选，他们挑了被切过的那块，剩下的一块就是阿叉跟商商那组的了。云方开始解释：“现在，因为负责分蛋糕的是商叉组，不论挑到哪一份他们都会满意。我们方和组第一个选，相当满意自己的选择。至于积妤组——”

“因为三块一样大，但他们还切，所以分到最小块的了。”

阿叉指着欣妤的蛋糕。欣妤不甘示弱地回答：“明明是你分得不够好，我才把最大块的切成跟第二块一样大……我懂了，因为我们有权力切出两块一样大的蛋糕，所以不管第一顺位的孝和怎么选，第二顺位选的我们永远会满意自己的选择。”

云方点点头。积木发问：“但，剩下来的一小块怎么办呢？重复刚才的步骤吗？”

“可以，但这样切到后来蛋糕会变得很破碎。比较好的做法是让我们这组操刀，再三等分这一小块。”

云方把刀交给孝和，他三等分了那小块蛋糕。

“积木先选吧，既然你们先选，一定会满意这个选择。”

积木选起一份，放到自己前方。“再来换商商选。”

“这样商叉组不会觉得积妤组比较赚吗？”孝和问，阿叉得意扬扬地回答：“一点儿也不会，我刚三等分那么公平，现在选到哪一块都比欣妤赚。我们比你们先选，也比你们赚啊。”

听到阿叉这么说，孝和恍然大悟，他说：“所以阿叉也不会嫉妒，轮到我们时，因为是我分的，我相信自己的分法，就算最后选，也会觉得每组刚好拿到$\frac{1}{3}$。”

“没错，这个方法称为塞尔弗里奇 – 康威（Selfridge-Conway）免嫉妒分法，是真正公平的三人分法。”

分好后，每组再用公平的两人分法，一人切，一人选，大伙儿开始享用蛋糕。

云方边吃蛋糕，边有些不安心。其实，将六人等分变成“先三等分再二等分”，可能跨组间会有人嫉妒。比方说欣妤嫉妒阿叉和孝和关系好，故意切一大块的给孝和。

好在，最有可能发现这个漏洞的是孝和，但此刻他正在认真地吃蛋糕了。

可以听我再说一些话吗…

算法

老爸老妈“使唤”我们时，只要说：“去便利商店帮我买一瓶酱油。”尽管我们可能会推三阻四，或者擅自拿零钱去买一支棒冰，但基本上都能顺利完成任务。

可要是换成了叫一台机器人去买，就没这么简单了。老爸老妈必须说：“开门，往下走198级阶梯，右转，直走200米，左转后直行300米，看到一栋建筑物，等等，我将便利商店的照片输入影像数据库……”

计算机的指令周期远比人类快上许多，但在“理解”这件事上，人脑还是远胜于计算机。因此在对计算机下指令时，我们必须用严谨、有逻辑的说法，才能让计算机执行，这样的说法就是所谓的“算法”。

算法的设计很困难，以本文的分蛋糕为例，有些算法看起来可以用，但实际上却不能达到目标。有些算法虽然可以完成任务，却很没效率。如何设计一套有用又有效率的算法，是计算机科学中很重要的一个领域。

17

用等差数列测试朋友底线

状况一：朋友讲完笑话后，延迟几秒才笑。
状况二：朋友讲完笑话后，不笑。
状况三：朋友讲完笑话后，跟他说不好笑。
以上哪个状况，会踩到你的朋友底线，令他生气、不爽?

老师，
我发现课本里的数学很像运球练习。
运球？
运球、传球、上篮。解方程式、求角度、算最大值，课本都在讲基本动作。
不是说不重要啦，只是很无聊啊，樱木花道就不爱。
有道理噢，我数学这么强，
难怪觉得上课很无聊。
其他人没资格附和吧？
照这样比喻，考试就是比赛，有趣多了吧？
那是基本动作测验。
竟然在上课时间思考到石化了。
有一段小说：“学校的大小考试其实都是在考速度。腾出越充裕的答题时间的人，分数就越高；
换句话说，考试就是在测试你能不能凭神经反射迅速解决题目，其实很像打游戏噢。”
这么说来，正规课程中，没有像比赛那样，能让学生尽情发挥数学技巧的机会……
老师你看，商商都这么说了。
如果想测试出好朋友的底线，老师能办到吗？

检查作业时，云方看见阿叉举手，他心里一阵感动，终于有学生认真听课了。

“老师，我发现课本里的数学很像运球练习。”

“运球？”

听到超展开的内容，云方反应不过来。阿叉边说边拍起脚边的篮球：“运球、传球、三步上篮。解方程式、求角度、算最大值，课本都在讲这些基本动作。我不是说基本动作不重要啦，只是练习基本动作很无聊啊，像那个谁就超不爱的。”

“樱木花道[①]？”云方一接话就后悔。

孝和附和：“有道理，像我基本动作这么强，就觉得上课很无趣。”

其他人纷纷点头。“你们点什么头啊，你们的基本动作跟孝和是不同等级的吧。”云方心想，他并不甘心地反击道：“照这样比喻，考试就是比赛了，应该有趣多了吧？”

阿叉摆出快问快答的叉叉手势。

“噗——那是基本动作测验。”

商商声援阿叉：“有一部小说，里面有一段话大概是这样：‘像学校测验之类的大小考试啊，其实都是在考速度。能够腾出越充裕的答题时间的人，分数就越高；换句话说，考试就是在测试你能够凭神经反射迅速解决的题目多还是少，其实很像打电子游戏哦。’”

“老师看是不是，书都这么说了。”

云方顿时哑口无言。的确，学校的数学课着重在教导学生各种数学技巧，考试则是检验熟练度。他在心中同意阿叉的论点：正规课程中，没有像比赛那样，能让学生尽情发挥数学技巧的机会。

---

① 漫画《灌篮高手》的主人公。

看见云方不说话，以为他遭受打击，孝和感叹地说："老师真的很爱数学哎。"

孝和很爱在上课观察老师，他认为"讲课清楚与否"和"引起同学兴趣"是两回事。前者需要很好的教学技巧，后者需要对知识有"爱"。发自内心喜欢数学的云方，虽然教学技巧很差，但讲起生活的数学时，常常让学生以为他手里握了宝物，忍不住凑过去看看。

"老师石化了，换孝和上课，传授几招考试秘诀吧。"

"好啊好啊，孝和快教两手。"

欣妤跟阿叉说着，孝和想了一下回答："我通常呢，不会把考试想成是测验，而是对话。"

"对话？"

"嗯，考生跟出题老师的对话。老师出这题是为了考哪个概念，想怎么考。题目既然是人出的，就有脉络可循，仔细观察，就可以看出老师设下的陷阱。有些题目光靠这样判断，就能找到标准答案。"

"第一名真不是盖的，竟然能揣测出题者的想法。"

商商念了段古文："知彼知己，百战不殆；不知彼而知己，一胜一负；不知彼，不知己，每战必殆。"

孝和点点头，但觉得又有点不一样。

提到数字，孝和望向云方，果然，听见关键词，云方像冬眠苏醒，稍微有了反应。阿叉继续说："俗话说，一个人的底线就像夜路上的狗屎，只有踩到了才会知道。"

"这又是谁说的名言。"

"我刚刚想到的。"

"不是俗话，是心得吧。"

云方打岔了："底线搞不好可以测试得出来。"

“啊？”

“回来了。”

孝和小声地笑着说：“假设将朋友告诉你‘他不能忍受的事情’设定成 100 点。测试底线就是找到他不能忍受的程度 X 的值为多少。大概是一个这样的数学问题。”

孝和点头赞同，补充道：“这项测试有限制，碰触到底线对方会生气，生气次数多了就会闹掰。”

云方想了一会儿回答：“嗯，没错。假设朋友只允许阿叉触碰一次底线，他就只能乖乖从最不严重的错误犯起，依序往上，直到朋友变脸，阿叉立刻道歉，在内心划下后者的底线。如果这位朋友不能忍受的严重程度是 99 分，阿叉就得做上 99 次测试，相当麻烦。”

“竟然直接用我当例子了吗？好吧，看我的。”

阿叉一边说，一边低头不知道在猛写什么。欣妤凑过去看，大声念出来：

电话多响几声才接（1 点）；他讲完笑话后，延迟几秒才笑（2 点）；他讲完笑话后，不笑（3 点）；他讲完笑话后，跟他说不好笑（4 点）。

“老师有理论，我要帮他把这 100 条底线建好啊。”阿叉认真地说。

云方接着说：“要是这位朋友比较宽容，允许阿叉犯两次错，那只要阿叉数学够好，便能迅速摸出他的底线在哪儿。”

“讲了半天还是回到数学。”欣妤噘着嘴嘟哝。

孝和说：“我知道，从中间开始，先选择 50 点的事件去测试。”

“50 点的事情……‘约好看电影却无故爽约’！”

“这才 50 点？！”欣妤惊呼。

“小心噢，50 点就超过欣妤的底线啰。”

欣妤和阿叉另辟战场，斗起嘴来。云方与孝和继续讨论数学：“如果此时朋友不生气，再做 75 点的事——”

“借钱不还。”

“这是‘死刑’！商商你说呢？”

“我，我不知道……”

孝和充耳不闻他们的争执，继续说：“要是爽约就生气，那表示朋友能容忍的程度在 1 点和 50 点之间。因为只剩一次机会，接下来只好重新回到 1 点开始，慢慢测试。最多花 49+1 这么多次才能知道他的底线在哪儿。可以减少一半的测试次数。”

云方回答：“没错，但有更快的方法。首先，将全部 100 种测试开方分成 10 段，第一次先做 10 点的事。”

“在他面前吃盐酥鸡跟烧仙草，还说：‘因为你说你要减肥，所以我就没给你买。’”

“如果朋友笑笑没事，就再来做 20 点的事。”

“约会迟到 1 小时，看到朋友着急的样子还挥手慢慢走。”云方忍不住看了看阿叉，心想说不定这些事情他都做过。

云方对孝和说：“要是朋友生气了就回到 11 点，慢慢搞清楚他在 11 点和 19 点之间到底何时会不爽。这种情况下，当他的底线是 99 点时，得花上最多心力去测试，一共是 10+9=19 次才能知道他的底线。比你刚提的方法省了约$\frac{1}{5}$。”

孝和沉吟着不说话，教室里只听得见阿叉继续列各种事件的自言自语。几分钟后，当孝和抬头时，他扬起眉毛，两眼闪闪发亮：“老师，我想到更好的方法了。”

“噢？”

“老师的方法，当对方底线落在十几点时很快就可以测出来；但当对方的底线是九十几点时，得花上很多的时间才能测出来。更好的方法，应该是一开始测试的间距要拉大，假设最多需要花 X 次，第一次就从 X 点开始测试。出事了再从头试起，这样一共要花 $1+X-1=X$ 的测试次数。要是第一次没出事，第二次测试不是从 $2X$，而是从 $(2X-1)$ 开始试。如此一来，要是这次出事了，就是从 $(X+1)$ 到 $(2X-2)$ 去试，最多花上 $(X-2)$ 次，加上之前的 2 次测试，总共还是 X 次。”

孝和走到讲台，在黑板上写下 X、$X-1$、$X-2$、$X-3$……

“换句话说，分段的间距将是一组公差为 -1 的等差数列！”

要说的话源源不绝地浮现在孝和脑海里：“套入等差级数和的公式 $\frac{X(X+1)}{2}$，这个值必须大于等于 100，可以得到 X 的最小值是 14。换句话说，比起分成 10 段，每一段 10 点，更好的方法是分成 14 段，每一段是 14、13、12……依此减少。”

孝和说：“这么一来，最多所花的测试次数是 14，比之前的 19 又快了约 1.36 倍，比一开始我讲的 50 要快上约 3.57 倍哎。”

云方招架不住孝和的突袭，二度在讲台上石化。他知道孝和很聪明，早晚会超过他，但没想到那一天这么快就到了。阿叉说：“要是明天数学考这个，我铁定满分的。”

孝和看着黑板上的算式，他从不觉得考试难，考卷上的答案在出好题目后就有了，学生要做的只是找出答案，写在考卷上。

我其实不大懂，为什么大家都不了解你。只要照着规则，重复练习，你一点儿都不难理解，只是也不有趣。

这是他给云方对数学看法的答案。他总觉得数学没有挑战性。但现在想想，就像刚刚阿叉说的，考试只是测验基本动作，现实中，许多事情没有标准答案，连问题长什么样子都不清楚。或许，生活才是真正的数学球场。

“数学这座球场，说不定比想象中的有趣许多。”

孝和这么想着，嘴角上扬。

可以听我再说一些话吗…

数列与级数

为了让一组数使用方便，我们会将其按照数的大小依序列出来，这样按照顺序排好的数，称为“数列”。如果排出来的数列有别的特性，例如课本里的等差数列、等比数列，那就可以更进一步使用这些特性，化简数列。比方说，谁都背不出 100 个数组成的数列。但要是一组等差数列，首项是 $a_1=5$，公差是 $d=3$，随便问起数列的第 193 项，我们也能很轻松地说出 $a_{193}=5+3\times192=581$。

计算数列总和——级数，也有各式各样的公式可以使用。

所以说，公式不是为了考试而发明的，是为了帮助人们运用一些规律、规则，更轻松地去解决问题，只要我们懂得如何去使用它。

18

找到人生价值的最大可能概率：37%

因为人在一生中不可能接触到所有的工作，而人生又不能回头，因此，很遗憾，没有人可以保证能找到最适合的科系、工作。

但只要依照数学分析出来的一套规则，即可最大化找到适合科系、工作的概率。

商商不打算念跟数学相关的科系吗？
对不起……我想念的科系大多……连数学成绩都不考虑。
不用道歉啊，我又不是数学。
老师不是数学吗？！
我以为把数学从老师身上抽走，老师就会泄气了。
可能还剩21克吧，哈哈哈。
竟然知道灵魂的重量……
阿叉和欣妤以后想念什么系呢？
考到哪就念哪吧，
大不了选不考虑数学成绩的就行了。
这样逃避数学，会失去很多可能性呢。
有什么不好？
我们老师都夸商商，年纪轻轻就知道自己（不）要什么。
能确定喜欢什么最好。但你们还有那么多没经历过的事，
怎么确定一辈子最想做的是什么呢？
照老师这样说，我们一辈子都无法下决定了。
不不，有个数学法则，只要前37%——

数学科考试结束的隔周，也迈入了十二月，期末考的身影已经出现在不远处。

下午五点的辅导班此时已经得开灯上课，银白色的灯光洒满教室，老师们紧紧抓住上了一天课的学生们的肩膀，要他们别倒下，打起精神继续努力。每间教室都充斥着紧绷的氛围，除了云方的班级依然维持一贯的自由风格。云方觉得自己像深山庙里的和尚，日复一日地念诵没人听得到的经文。

今天，他有比“诵经”更重要的事要做。

念完三角函数经文后，他问：“商商，你不打算念跟数学相关的科系吗？”

商商放下手中的语文课本，用道歉作为开场：“对不起……我想念的科系大多……连数学成绩都不考虑。”

“没关系，不用道歉。我又不是数学的代言人。”

欣妤逮到机会，故作惊讶地说：“老师不是数学的代言人吗？！我以为把数学从老师身上抽走，老师就会像泄气的气球一样干瘪了。”

“可能还剩 21 克吧。”

“只剩灵魂的重量吗？我的肉体又不是数学组成的。”云方在心里反驳，又问了阿叉和欣妤同样的问题。

“没想那么多。”阿叉摇摇头。

欣妤回答：“考到哪就念哪。考不好也没关系，选不考虑数学成绩的科系就行了。”

“这等于受到数学的限制，会失去很多可能性。”

“有什么不好的，像商商，我们老师每次都夸她，年纪轻轻就知道自己要什么，叫我们多学学她。”

欣妤抬出商商作为反击，云方不受影响地回答：“能知道自己喜欢什么再好不过了。但你们还年轻，真的能下决定吗？你们还有那么多没经历过的事情，怎么确定现在想做的，就是一辈子最想做的呢？”

“又不一定要尝试才知道，不用被刀子砍也知道被砍会痛啊。”欣妤依然不服气，但云方可没漏掉积木脸上闪过的神情变化。

“积木，你从小就被教育要继承家业，但你有没有想过，说不定有更适合你的职业，只是你还没碰到。”积木看着云方没回答，思考他说的话。

孝和说：“照老师的说法，我们一辈子都无法下决定了，因为不可能接触所有的职业，搞不好明天就会遇到更适合的工作，永远都在尝试。”

“我就在等这句话！”

尽管内心放起鞭炮，但云方还是故作沉默了一会儿，才说出准备好的论点：“没错，我们没办法确定，能否找到最适合的工作。但有人做过数学分析，分析结果告诉我们一条法则：年轻时尽量体验。过了一个特定年纪后，一遇到比之前体验过最有趣的工作还要有趣的，就将那份工作作为终生志向。实践这条法则，就有最大的概率能找到最适合的工作。”

“这也能用数学分析？完全无法想象，‘特定年纪’是几岁也能算出来吗？”孝和不可置信地发问。

云方回答：“我们设定一组方程式，输入的变量为 x，表示特定年纪时换过的工作数目，输出结果是依照刚刚介绍的法则‘过了一个特定年纪后，一遇到比之前体验过最有趣的工作还要有趣的，就将那份工作作为终生志向’，找到最适合工作的概率 $P(x)$。N 是一辈子会做的总工作数目。”

他在黑板上写下一道很长的式子

$$
\begin{aligned}
P(x) &= \sum_{i=1}^{N} P(\text{选择第}i\text{份工作作为终生工作}|\text{最适合自己的是第}i\text{份工作})P(\text{最适合自己的是第}i\text{份工作}) \\
&= \sum_{i=1}^{N} P(A_i|B_i)P(B_i)
\end{aligned}
$$

“用 A_i 跟 B_i 各自表示‘选择第 i 份工作作为终生工作’与‘最适合自己的是第 i 份工作’这两个事件。再来，每一份工作都可能是最适合的工作，它们的概率相等，可以得到

$$P(B_i)=\frac{1}{N}$$

“$P(A_i\,|\,B_i)$ 这项概率嘛，当 $i<x$ 时，规则告诉我们，年轻时只能体验，不能定下来，所以一定会错过最适合的工作，此时 $P(A_i\,|\,B_i)=0$。当 $i \geqslant x$ 时，只要‘前 i 份工作里，次适合的工作落在先前体验的 $(x-1)$ 份工作中’，即可以确保这个策略一定能找到最适合自己的工作。”

“什么跟什么？”欣妤一头雾水。

“这意思是说，年轻时的体验，会让我们树立起很高的门槛，之后经历的工作，只要不是最好的第 i 份工作，我们都不愿意选。换句话说……”

云方在黑板上写下

$$P(A_i|B_i)=\begin{cases} 0 & \text{if } i<x \\ \dfrac{x-1}{i-1} & \text{if } i \geq x \end{cases}$$

“下半段的式子，分母是在第 i 份工作前，我们一共做了 $(i-1)$ 份工作，分子则是在这么多份工作中，次适合的工作要落在年轻体验的 $(x-1)$ 份工作里。将这两个式子代回第一个式子，可以得到

$$P(x)=\sum_{i=1}^{N}P(A_i|B_i)P(B_i)$$

$$=\sum_{i=1}^{x-1}0+\sum_{i=x}^{N}\frac{x-1}{i-1}\cdot\frac{1}{N}=\frac{x-1}{N}\sum_{i=x}^{N}\frac{1}{i-1}$$ ”

“超出高中程度了吧。”阿叉做出下巴掉下来的夸张模样，孝和认真地盯着每一道式子。

“还是高中范围……只是式子太复杂了。”

云方微笑，仿佛医生在哄着病人：“再忍耐一下——”

“怎么忍耐啊，又不是晕车。”

“这串式子比晕车还让人不舒服吧。”

云方装作没听到，继续说：“N 趋近于无限大，可以简化式子，将变量从第 x 份工作，改成相对比例 $y=\frac{x}{N}$，总的式子可以改写成积分式

$$P(y)=y\int_y^1\frac{1}{t}dt=-y\log(y)$$

“微分后，最大值出现在 $y=\frac{1}{\mathrm{e}}\approx37\%$。换句话说，假设一辈子会接触 N 种职业，在做前 $0.37N$ 份工作时，就算再有兴趣，也得一

阵子后就换工作，因为这 $0.37N$ 份工作的用途是帮你设立门槛。如果 $0.37N$ 份工作中最棒的职业是 A，那么，超过 $0.37N$ 份工作后，只要遇到比 A 还棒的职业，就选择为终生志向。在这个策略下，会有最高的概率，能选到最适合的工作。”

云方对孝和说：“概率值刚好是 $\frac{1}{e}$ ，你有兴趣的话可以挑战一下。”

“接受挑战。”

孝和挑了挑眉，进入神算模式，手指规律地敲桌面。下巴还没接回来的阿叉说：“这真的跟我们平常学的是同一种数学吗？”

“老师，可是我们怎么知道一辈子会接触到的工作数目——N，这个值是多少呢？”难得提出疑惑的商商继续说，“没有 N……就不知道该尝试的 $0.37N$ 份工作到底是多少了。”

云方点点头：“我们可以将一生中不同阶段会接触到的工作数量，用概率模型来逼近。好比说，假设商商从 z 岁开始工作，之后因为越来越专精于某一些技能，生活圈越来越稳定，换过的工作数目呈指数递减。过了 A 年，接触到的新工作只剩下 z 年时的一半，A 是工作的半衰期。”

“半衰期不是用来测量地质年份的吗？”

“测量地质年份？怎么跑到地理课了？”欣妤插嘴。

还在计算的孝和突然开口回答：“我们知道某些元素的半衰期，能利用地层里元素的衰退状况，估算出地质年份。好比说，某元素的半衰期是 5000 年，而在某地层里动物尸体内的该元素浓度只有 $\frac{1}{4}$ ，我们就能知道这个地层的地质年份大概是 10 000 年前了。”

“孝和这台人脑竟然还有多核处理器啊！”云方内心赞叹，接着说：“对，利用半衰期和积分可以算出，假设永远都不定下来，活到一百岁时总共会遇到$\frac{A2^{(-z/A)}}{\ln 2}$这么多份工作。跳过前37%的工作，则意味着——”

云方写下

$$z+\frac{[1-\ln(e-1)A]}{\ln 2}\text{岁}$$

“在庆祝这岁生日前的工作，都不用考虑。”

众人同时发出哀号：“这串式子也太麻烦了吧。”

孝和替他们化简：“近似于z+0.66A。也就是说z+0.66A岁以前尽量尝试，一过这年纪就得认真决定了。”

云方道出他真正想说的内容：“对，所以我才建议大家不要那么早就决定自己要做什么，不要做什么。要像海绵一样，吸收各种知识，广泛涉猎各领域，才能在将来帮助你们做出最正确的决定。之前阿叉说的，数学课只是基本动作的练习，我同意。”

云方缓缓吐了口气，他好希望，能好好地传递出自己的心意：“一味地叫你们练习基本动作，却没让你们上场比赛，是身为老师的我不对。但早晚有一天，你们会真正站上数学的赛场，可能是投资买保险，可能是购物，可能是工作，可能你们知道自己在使用数学，也可能你们浑然不觉。但要是现在没打下基础，那时候就太迟了。”

教室里一片静默，大家在咀嚼这段话背后的道理。云方看着他们，不知不觉间建立起的师生羁绊，让他发自内心关心他们。

这份羁绊，让此刻的他更难受。

云方的视线转向黑板旁的月历，距离学期结束只剩一个半月，上课，也就只剩这么几次了。

数学科考试成绩公布，他今天上课前被人事室叫去，下学期，他恐怕没办法留在这家学校了。

可以听我再说一些话吗…

级数、极限、与积分

先前介绍过数列是一群依照大小排序的数。在这篇里，我们用上了“级数”，是数列里数的总和。举例来说，数列 1、3、5、7 的对应级数就是 1+3+5+7=16。我们通常用下面的式子来表示数列 a_n 与级数 S_N 的关系：

$$S_N = \sum_{n=1}^{N} a_n$$

S_N 的 N 表示从第一项加到第 N 项。某些时候，数列可以是从方程式 $a_n=f(n)$ 上取下来的点，能写成

$$S_N = \sum_{n=1}^{N} f(n)$$

将此方程式画在坐标轴上，想象数列里的每个数是一块长条面积，宽度为 1，高度为 $f(n)$。级数就是这些长条面积的加总。我们可以进一步将级数除以 N，得到

$$\frac{1}{N}S_N = \sum_{n=1}^{N} \frac{1}{N} f(n)$$

用同样的面积概念解释，可以看成长条的宽度变成$\frac{1}{N}$，高度依然是$f(n)$。因为长条变窄，范围从“0 到 N”变成了“0 到 1”。当 N 很大时，长条的宽度越来越小，总和的面积就越来越接近一个特定区块“$y=f(x)$、x 轴 ($y=0$)、y 轴 ($x=0$)、$x=1$ 这四条线围出”的面积，这个面积，正是积分式子

$$\int_0^1 f(x)\,\mathrm{d}x$$

所求的值。

第三部

用数学
抢救老师大作战

云方要被解聘的消息传开后，五个学生聚集在咖啡厅，讨论该怎么让学校撤回这项决定。在这间咖啡厅里，云方曾经教导欣妤该如何将内插法应用在打工中，曾经独自研究学生回答“想对数学说什么”的答案，想尽办法让大家不讨厌数学。

现在，轮到他们五个人来帮云方了。

老师下学期
要被开除？
确定了吗？
应该没错，
我听另一位
数学老师说的，
辅导班成绩
太差……
成绩哪有差！
平均分数比
全校高，
唯一的满分
还在我们班哎！
我没有进步空间
也得怪云方吗？
辅导班又不是
超值套餐，
加十元饮料变大杯，
中薯变大薯，
至于吗？！
听说，
因为辅导班
是新措施，
评量标准
不是平均分数，
而是“进步幅度”。
我同意，
只是，
我们成绩
没有进步，
也是事实。
比起只会照本
宣科的老师，
云方的课至少
多了有趣的
数学知识。
我很喜欢老师，
所以找大家
来讨论，
看要怎么
帮他？
课外活动的
优良表现
可以吗？
商商
得奖了！

周末下午，积木约了大伙儿在咖啡厅碰面。

“消息来源可靠吗？”阿叉瞪大眼睛问。

“应该没错。”积木回答。

积木前几天意外听到，这个辅导班成绩不理想，云方这学期过后就要被开除了。阿叉气得拍桌子说：“哪有不理想！平均分数比全校高，唯一的满分还在我们班哎！”

“听说，因为辅导班是新措施，家长会预期多了辅导班，学生成绩就要进步。因此评价辅导班的标准不是平均分数，而是‘进步幅度’。”

“我没有进步空间也得怪云方吗？”孝和不以为然地说。

欣妤也埋怨道：“辅导班又不是超值套餐，加十元饮料薯条就一定可以升级，这些人也想得太单纯了吧。”

众人一言一语，纷纷替云方抱不平。积木举手示意大家暂停：“的确不能怪老师，只是，我们没有因为上辅导班而成绩进步，也是事实。”

没人能反驳这句话。一阵沉默后，孝和说：“是我们没好好听他上课。但比起那些不在意学生有没有吸收，只会照本宣科的老师，云方至少讲了很多有趣的数学知识。”

“没错，要惩罚也是惩罚我们。他的梦想是当老师，这家学校也真强，不只学生，连老师的梦想也能毁灭。”欣妤语带讽刺地说。她想起云方曾经在这间咖啡厅教她数学，让她心情更轻松。

积木说：“这正是我今天召集大家来的目的，我很喜欢老师，希望下学期还能上他的课。所以，我想讨论看看，要怎么帮他。”

从头到尾没说话的商商这时发言了：“课外活动的优良表现可以吗？”

“对，商商你好聪明！”

阿叉第一个拍手叫好。商商欲言又止了一会儿，露出小孩被肯定的表情。

由于多元升学的缘故，学校鼓励学生参与活动、竞赛，累积个人经历。学校为了让老师协助学生参赛，不仅表扬学生的优良表现，还会一并嘉奖活动的指导老师。

阿叉兴奋地说：“好！现在我们赶快去参加各种比赛、活动，指导老师都填云方。加一加分，说不定能帮他保住饭碗。”

众人讨论起哪项活动适合。想到这个方法的商商，此刻却不发一语，低头把玩手机上的周瑜吊饰。讨论告一段落，商商才腼腆地说：“上次……听完老师用数学语言说了一段《雍正王朝》的故事，我后来就模仿，写了一篇小说投稿，这几天会公布。那是一个蛮大的文学奖，如果得奖的话……”

“得奖了！得奖了！商商你好厉害！”

欣妤开心地尖叫，一听到商商那样说，她立刻用手机上网搜寻，第一项搜寻结果就是几分钟前刚发布的得奖消息，网页上除了得奖名单外，还刊登了首奖得主商商的文章，篇名是《数字红楼梦》。

19

平均多掀了一次马桶盖

李商商的《数字红楼梦》，糅合了文学与数学，让经典小说《红楼梦》里的人物解释各种数学观念，耳目一新的写作方式，轻松易懂的数学解说，受到评审委员一致好评。

读完此篇，本席今后上完厕所也不会再放下马桶盖了。

——文学奖评审记录

却说，在《红楼梦》的世界里，有这么一段鲜为人知的故事。
皇宫中的长女元春，送了一具洋人的玩意儿过来。
贾母年纪大了，不喜欢新鲜玩意儿，直接把它送到最疼爱的孙子宝玉住处。
宝姑娘来得正好，帮我们评评理，
二爷真不讲理。
她们怪我不体贴，用完不把盖子盖回去。
我们不是无理取闹，
但二爷这么细心的人，不应该没注意到这点小事。
但这是元春姐姐从宫里送来的宝物，要是照大家的想法，马桶很容易坏掉的。
宝姐姐听我解释，我当然想体贴，
为什么容易坏？
我解释给你听……

却说，在《红楼梦》的世界里，有这么一段鲜为人知的故事：

年关将至，贾府上上下下无不忙着准备过年。大门上褪色的旧春联被撕下，年节的气氛，从崭新的大红色春联中弥漫出来。在皇宫中的长女元春，特地送了一具洋人的玩意儿过来，原本要安装在贾母房内，但贾母年纪大了，不喜欢这种新鲜的玩意儿，便让仆人直接送到她最疼爱的孙子贾宝玉的住处——大观园怡红院。

场景来到大观园的怡红院。

这里，特地留了个房间给这新玩意儿。雪白陶瓷铸成的圆滑造型，摸不出一个棱角。初看像张椅子，椅面却有个大大的洞儿，洞的底下接了座小水潭。椅子上有两层盖子，一片环状的，一片实的。据送货的差人表示，没用的时候要两个盖子都盖上，使用时，女眷盖上环状的盖子好坐着，男生嘛，有时候要站着，有时候坐着。

没错，就是马桶。怡红院里有了第一具坐式马桶。

※

除夕前几天的某晚，怡红院依旧热闹得紧，宝玉和四大丫鬟袭人、晴雯、麝月、秋纹的声音，几丈外都听得清晰。薛宝钗来串门子，推开房门。晴雯一见到宝钗，立刻说："宝姑娘来得正好，帮我们评评理，二爷真不讲理。"

二爷指的正是家中排行老二的宝玉。宝钗望向宝玉，见他摇头苦笑，明明是主子，却跟这群丫鬟平起平坐，一点儿架子也没有。宝玉解释："她们怪我不体贴，用完这马桶，不把马桶盖盖回去。"

"我们不是无理取闹，但二爷这么一等一细心的人，不应该没注意到这点小事。明明用完了，将掀起的盖子盖回去，后用的姑娘们就不需要伸手碰盖子，这等体贴，才符合二爷的形象。宝姑娘别责骂我们坏，说到底是为二爷着想，要是马桶以后普及了，宝姑娘的蘅芜苑和林姑娘的潇湘馆都有了，二爷去做客，用完了照样不盖上盖子，岂不破坏了二爷体贴的好名声。”麝月替晴雯帮腔，宝玉依然摇摇头。

贾府上下素来认定宝玉是个纨绔子弟，只爱风花雪月，吟诗作对。但其实，宝玉对数学相当有兴趣，花了很多时间研究洋人与中国的数学，连东瀛的和算也略有涉猎。宝玉跟宝钗解释道：“宝姐姐帮帮我，听我的解释有没有道理，这是元春姐姐从宫里送来的宝物，不是寻常地方可以拿到的。”

宝玉那时还不知道，两百多年后，这是家家户户都有的基本配备。他继续说：“我当然想体贴，但要是照着大家的想法做了，马桶很容易坏掉。怎么可以把这么宝贵的东西弄坏呢？”

“为什么容易坏？”

宝钗问道，宝玉指了指桌上一张纸，上头有个表格：“我解释给你听，袭人、晴雯、麝月、秋纹也再来听一次。这表整理了不同状况下马桶盖的翻动次数：

各种如厕可能	男子不盖回马桶盖下的掀盖次数	男子盖回马桶盖下的掀盖次数
排在女子后的男子	1	2
排在男子后的男子	0	2
排在女子后的女子	0	0
排在男子后的女子	1	0

“先讨论男子是不愿意用完盖回马桶盖的情形，上表列的 4 个可能性之中，连续使用者为不同性别的两种状况，马桶盖会被掀开（先女后男）或盖上（先男后女），平均翻动次数是 $2\div4=0.5$ 次。 如果与复原马桶盖的体贴男子共享厕所，女孩子完全不用碰马桶盖，但男子每次得耗费两份力气：先掀开、再盖上马桶盖。四种可能的如厕状况中有两种得翻动 2 次马桶盖，平均次数为 $2\times2\div4=1$，是前者的两倍。”

宝玉很开心地一口气讲完。文学跟数学，他同样喜欢，前者有海棠诗社可以让他和大家吟诗作对，但说起数学，这还是他第一次在众人面前发挥。他环顾宝钗与丫鬟们，烛光下，众人脸上红通通的。他用缓慢但笃定的语气，道出结论：“体贴换来的代价是加倍的使用频率，马桶盖会因此较易损坏。”

怡红院里一阵沉默。宝玉可以感觉得到，她们正在努力地吸收他方才的话，如果可以打开她们的脑袋，脑电波一定比纺织机上的飞梭动得还要快。宝玉不知道，两百多年后有个叫 fMRI（功能性磁共振成像）的仪器真的可以测出人类在思考时的大脑反应变化。

“我想不透，二爷定是故意拿这些难题来考我们，想看我们出糗。我去找马桶君好了。”

秋纹先说话，她也不是要去上厕所，只是马桶是现在怡红院最新颖的东西，仆人无时无刻不把它打扫得一尘不染，众人没事便会去那儿思考。有时候他们坐在上面，尽管很舒服，但却觉得少了些什么……没错，是报纸，很可惜那时候马桶君的最佳好朋友——报纸，尚未问世。

“我也一起去。”

女孩子喜欢结伴上厕所似乎是天性，麝月跟着离去，只留下袭人、晴雯、宝钗还在与宝玉的表格奋战。宝钗终究聪明过人，她察觉到一件事似乎不对劲。

“可是，宝兄弟的怡红院里姑娘比较多，只有你一个男生。而且……”宝钗思考着该怎么比较文雅地说出这话，“而且……男女如厕的频率本来就不同，还没考虑到宝兄弟偶尔也会……坐着用。要是把这些都考虑进去，方才的数据推论还会成立吗？”

“宝姐姐真厉害，竟然有这么正确的数学思维，质疑单一特例是否通用。”

宝玉一脸兴奋，原来还是有人可以跟他讨论数学，说不定这样下去，除了海棠诗社，可以再成立一个芍药数学会来交流数学。他向宝钗说：“我可以解释，不过得用上比较麻烦的‘变量 x’。假设男女比例为 $x:(1-x)$，男方用完厕所不复原时，翻动马桶盖的平均次数是 $2(1-x)x$；另一个状况，得到的平均次数则是 $2(1-x)x+2x^2$，永远比前者多 $2x^2$。

“换句话说，就算是后宫，有皇帝跟 999 位妃子。若皇帝体贴，翻动马桶盖的平均次数是 0.002；要是皇帝上完厕所，放下龙袍后就闪人，后宫马桶盖平均只被翻动 0.001 998 次。我昨天才捎了封信给元春姐姐，请她建议皇帝，甭掀了。省下体贴的动作，一生在位，或许可以替后宫省下一个马桶盖的维修费呢。”

“原来是这样啊，我懂了。大伙儿听懂了吗？以后就照宝兄弟说的做吧。不要再叫他掀起来了，就算我的蘅芜苑里有，我也不会这般要求他的。”

宝玉满意地点头，心想宝钗果然聪明。

宝钗缓缓地起身，去参观马桶君。跟刚好走回来的秋纹擦身而过，她低声跟秋纹说：“你们就爱跟你们家二爷闹，现在可好，把他闹得

都有些疯癫了，以后多顺着点他吧。”

很遗憾，宝玉全都听到了。他叹了口气，数学有这么难懂嘛。他决定要想个计策让大家更了解数学。

欲知何计，下回分解。

可以听我再说一些话吗…

期望值

买乐透时，我们讨厌有人在一旁嚷嚷着“又不会中”，更讨厌那种会搬出数学专有名词，说“期望值是负的啊”的家伙，就算不清楚期望值是什么，也会觉得他好像很厉害，讲得很有道理，觉得自己好像很笨，是否该把钱拿去买盐酥鸡。所谓的“期望值”指的是一个随机事件重复执行无限多次后得到的结果。

以乐透来说，期望值的意思是：买一百万次后，平均的盈亏是多少钱。

尽管头奖金额很高，但中头奖的概率相当相当低，大多是有出无进，因此综合起来看，买乐透会亏钱，乐透商会赚钱，也才会有卖彩券这门生意。

这就是“期望值为负”的意义。

20

重要的是资本，不是运气

前情提要：马桶事件结束后，宝玉对众人不能理解数学之美耿耿于怀。

“或许是因为跟自身没太大关系，所以不会在意吧。”

宝玉思考后得到了这个结论。跟自身最有关系的，莫过于钱了。他想到了一招妙计……

却说，在《红楼梦》的世界里，有这么一段鲜为人知的故事。
马桶事件后，紧接着过年了，贾府弥漫着热闹的年节气氛……
宝兄弟会玩牌吗？
那我留下来，跟宝兄弟玩一会儿吧！
不大会，不过凤姐姐跟我说过，
就算是赌博，只要我全力以赴，自然会有神明保佑。
这些金子是我的赌本，宝姐姐要拿钱，我叫晴雯提灯去帮你拿。
没关系，我不喜欢玩太大，这笔银子输光我就不玩了。
好，咱们开始吧！（宝姐姐对不住，这把我赢定了！）

马桶事件后，紧接着过年了。

贾府弥漫着热闹的年节气氛，大伙儿淡忘了马桶的存在，马桶君孤零零地待在怡红院里，由当时还没被王熙凤带走的丫鬟小红照料着。

大年初五晚上，各项过年节目大抵上告一段落，贾府正处在一种祭典刚结束，却又尚未衔接回正常生活的交界状态。素来喜欢热闹的贾宝玉，想抓住过年的最后一截尾巴，又想趁机让众人体会数学的魅力，便提议到怡红院玩牌。

“宝兄弟会玩牌吗？”宝钗边问，边流利地整理牌子。身为大观园里最聪明的女眷之一，她不担心输钱，只担心赢宝玉太多。

“不大会，不过凤姐姐跟我说过，就算是赌博，只要我全力以赴，自然会有神明保佑。因此……”宝玉回头跟袭人使了个眼色，袭人微微欠身，跟晴雯走入宝玉的厢房，出来时两人手中捧了几十块金元宝，袭人腰里还插了厚厚一沓银票。

“既然要玩，就得全力以赴，这是我的赌本，宝姐姐，你要拿钱，我叫晴雯提灯赶去蘅芜苑帮你拿。”

听到这话，晴雯闪过不满的神情，这么晚了，外头又冷，任谁都不想去跑这一趟。宝钗细心，马上注意到了。她本来手头就没宝玉宽裕，又不想使唤晴雯。怡红院的丫鬟个个是宝玉的心头肉，袭人还好，这晴雯向来性子高傲，要是得罪了她，没准到时候，她在宝玉身旁碎嘴，编排自己的不是。

“没关系，我不喜欢玩太大，这笔银子输光了，我就不玩了。”

宝玉点了点头，他不是在同意宝钗的话，而是在跟自己确认，宝钗输定了。

※

几刻钟后，郁闷的宝钗独自走在回蘅芜苑的路上，思索为何自己不仅输了，还输得一干二净。她不懂，明明自己的牌技比宝玉强那么多，偶尔还能从铜镜上偷看到宝玉的手牌，她理当占尽优势啊。

另一边，怡红院里，宝玉把赢来的钱分给袭人和晴雯，解释他赢钱的原因。

“我的赌本是一万两银子，宝姐姐只带了一百两银子，是我的百分之一，我一看到，就知道只要一直赌下去，我把她赢光的概率高达$\frac{100}{101}$。用代数来看，我的赌本是a，宝钗的赌本是b，假设我们俩每一盘胜负的概率各是一半，我赢光她的概率就是$\frac{a}{(a+b)}$。”

宝玉望望袭人，她脸上堆满了温柔，专心在听宝玉讲话，但显然完全没听懂。

“举例来说，假设开局宝钗有 2 两银子，我有 3 两银子。在不考虑平手状况下，我跟宝钗对赌的前几局结果会长这样。”

宝玉拿起文房四宝，在写春联剩下的红纸上大笔一挥，画了一张示意图

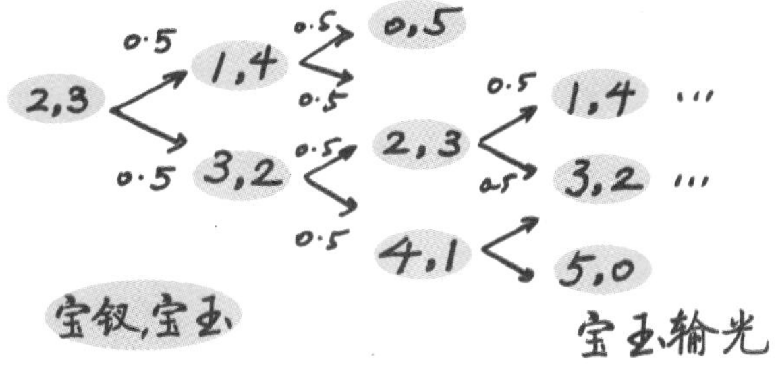

“最左边的第一组数标示着我跟宝钗在开局时各自的赌本。第一局结束后，有 0.5 的概率宝钗会赢，她跟我的赌本关系，会来到第二

排的下面 (3, 2)，她手中有 3 两银子，我有 2 两银子，但也有 0.5 的概率我赢，也就是第二排的上面 (1, 4)，她跟我各剩 1 两银子和 4 两银子的赌本。假设在 (1, 4) 这个位置，到第二局结束后，有 0.5 的概率会来到第三排最上面的 (0, 5)，也就是宝钗输光。同样有 0.5 的概率回到开局状况。反之，如果是在 (3, 2) 这个位置，可能会进一步变成 (4, 1)，只剩 1 两银子的我距离破产仅有一步之遥，但也有 0.5 的概率回到开局。”

袭人被这串数学弄得晕头转向，心想，原来不只是花气会袭人，数学更会袭人。虽然听不懂，袭人最是温柔体贴，依然耐心听着，尽管她脑袋里想的是，还好当初宝玉替她取名字时想到的是陆游的诗词，要是那时也跟现在一样想数学，跟数学扯上了边，名字不知道会有多难听，花概率吗？

看到宝玉在兴头上，袭人配合地抛出个问题：“但……还是算不出来宝姐姐输光的概率，这图看起来得画个没完没了……”

“没错，不过我们可以靠变量来描述这个无穷尽的问题。图上的每个位置，也就是握有不同赌本时，对应到宝姐姐最终输光的概率都不一样，要是她此刻赌本多一点，好比说 4 两银子，她得连输四盘才能输光，这时，她输光的概率就很低。但要是她只剩 1 两银子，输一盘就输光了。我们来假设宝姐姐手上有 i 两银子赌本时，会输光的概率各自是 p_i。”

宝玉在方才的图的每个方块上标示了不同的 p_i

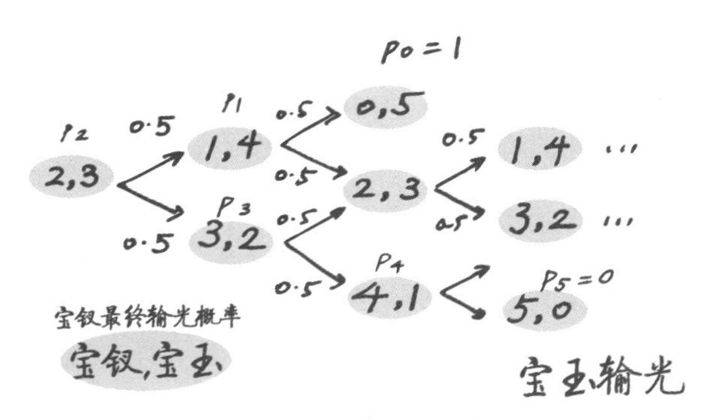

“开局的概率是 p_2；第一局结束后，她剩 1 两银子时是 p_1，剩 3 两银子时是 p_3，这三个概率之间的关系是

$$p_2 = 0.5p_1 + 0.5p_3$$

“第二局结束后，要是她没钱了，输光的概率即是 1；但也有可能回到开局的状况，此时输光的概率便一样是 p_1，我们又可以得到一个式子

$$p_1 = 0.5 \cdot 1 + 0.5p_2$$

“要是走到 (3, 2)，同样也会有一个式子

$$p_3 = 0.5p_4 + 0.5p_2$$

“到第三局结束后，开局的式子跟原本一样，就不写了。最底下的 (4, 1) 则会有等式

$$p_4 = 0.5p_3 + 0.5 \cdot 0$$

“之后不管怎么赌，都只有这几种可能。4 组方程式解 4 个变量。”

宝玉飞快地解出这个联立方程组，答案是

$$(p_1, p_2, p_3, p_4)=\left(\frac{4}{5}, \frac{3}{5}, \frac{2}{5}, \frac{1}{5}\right)$$

“很有趣的结果吧。可以看见，每一个时刻的分母都是我跟宝姐姐的赌本总和，分子则是我的赌本。换句话说，开局时要是我的赌本是宝姐姐的 100 倍，只要她被我缠住，脱不了身，终究会输光的。”

宝玉正讲得起劲，忽然，窗外传来一声闷响，仿佛有东西掉在地上。宝玉推开门一瞧，只见几块碎银子散落在走廊，还有一块手巾。他捡起来一闻，和黛玉缝给他的香袋是同一股气味，方才在外头的必然是她。看来，是黛玉想来找他玩，意外听见这些分析，黛玉跟宝钗一样聪颖过人，一听就懂。她领悟自己绝没胜算，一时感伤就离开了。宝玉将银子塞进腰间的暗袋，横竖这几块碎银子，只要一赌，早晚都是他的。比起还钱，他得想个别的办法让黛玉开心才是。

宝玉迈开脚步，去追赶黛玉。

可以听我
再说一些
话吗…

树形图

排列组合、概率的计算中，偶尔会遇到一些复杂状况，无法用一两道简单的式子把所有可能都列出来，这时“树形图”就派上用场了。常见的树形图从左往右一路展开。最右侧的那层，每个点表示一个可能发生的状况。再从某个“可能的状况”往左逆推回原点，经过的各点表示，该状况是如何一路发展过去的。

好比课本上常说的 3 个人 ABC 排队，有 3!=6 种可能。这可以用树形图来表示。第一层有 3 个点，表示第一个位子可能是 A 或 B 或 C，每一个点往下长到第二层，各自有 2 个点，表示除了排入第一个位子的人以外，剩下 2 位都可以排到第二个位子。这样一来，第二层一共 6 个点。这 6 个点各自往第三层长出一个点，因为只剩下一个人可以选择第三个位子。是故，第三层还是 6 个点，共六种可能。这个例子的树形图非常规律。比较起来，这篇文章里无穷延伸的树形图，才真的叫人头疼。

21

靠矩阵分胜负

虽然人们讨厌数学，但说起“比较”，就一定会觉得该有数字，才算公平。数据对不对或数据有没有道理都是其次。只要有数据，就算是丢铜板的结果，人们也会被说服。

“根本就是对数字的迷信嘛。”

阿叉对商商埋怨，心里想起了云方。

体育馆内传来球鞋和地板的摩擦声
哔哔，白色三号打手犯规！
裁判总算睡醒啰，手都被打肿了才吹！
你们比赛这么不带劲，怪我啰？
该怎么帮云方呢……
商商？
莫非她在关心我？
昨天你离开教室时心事重重……
还在想着老师的事吗？
三支队伍同分，对战成绩也互有胜负，还有什么可以比的？得分？
这组是“太阳队”跟哪一队可以晋级？

体育馆里传来球鞋和木头地板的摩擦声。

“哔哔，白色三号打手犯规！”

“裁判总算睡醒啰，手都被打肿了，现在才吹！”

对方的休息区传来对阿叉的抱怨。

“没办法啊，班际比赛这么不带劲，我才无法专心吹判。而且啊，我可是整个体育馆里最受困扰的人了，要最受困扰的人来告诉你们什么是对错，应该好好检讨自己才对吧。”阿叉嘴里吐出哨子，在心底埋怨着。

前几天，看过商商的得奖文章，阿叉就一直有些内疚。明明自己跟云方那么好，在老师遇到困难时却帮不上忙。他成绩普通，以前虽然也会烦恼升学，却总是提不起劲念书。遇到云方后，第一次体会“知识”这么有趣，才开始能静下来，坐在书桌前算习题。

“好想帮云方忙，想趁这个机会感谢他。”

抬头，商商的身影出现在体育馆门口。

“那天你离开教室时心事重重，还好吗？还在为了老师的事心烦吗……”自己在关心云方时，也有人在关心自己吗？阿叉从心底感到一阵暖意。

※

校内篮球赛的分组预赛到傍晚告一段落。担任裁判的校队队员讨论赛况，先发中锋阿翔指着 C 组计分表问教练：“这组是‘太阳队’跟哪一队可以晋级？”

C	啦啦队	你们说这样队不队	黑子的篮球队	热火分队	太阳队	积分
啦啦队	0	0	1	0	1	2
你们说这样队不队	1	0	0	1	0	2
黑子的篮球队	0	1	0	1	0	2
热火分队	1	0	0	0	0	1
太阳队	0	1	1	1	0	3

计分表的每一条横列，展示出该队伍跟其他队伍的比赛结果。“啦啦队”赢过“黑子的篮球队”跟“太阳队”，因此第一行的第三跟第五个位置是 1；“啦啦队”输给“热火分队”，因此第一行第四个位置是 0。最后面的直列是每一行加总，表示这支队伍赢了几场、获得多少积分。第一名是 3 分的“太阳队”，“热火分队”是最后一名，只有 1 分。

“三支队伍同分，这是传说中的死亡之组吗？”

“死亡之组是指整组都强队吧，这组每队都超弱的。”

“弱到死的死亡之组。”

“等等，你们看。就算比胜负关系也没办法分出结果，‘啦啦队’赢了‘黑子的篮球队’，‘黑子的篮球队’赢了‘你们说这样队不队’，然后‘你们说这样队不队’又赢了‘啦啦队’。不能比了吧，你们说这样对不对？”

先发大前锋大飞自以为幽默地说完话，看了旁边的商商一眼。男生就是这样，只要有女生在就会忍不住表现。

“看得失分差距吧。”

教练把分数表递给中锋阿翔。

“我算一下。”阿翔拿出手机按，阿叉想，要是孝和在，敲两下桌子就有答案了。他小声跟商商说：“孝和每次心算时，手指都会规律地敲桌子，不是吗？”

商商点头。

“别人以为那是他特殊的计算方式，但我坚信那只是单纯耍帅而已。”

“真的吗？”

“对啊，就像我投篮出手后会故意保持手腕的姿势，直到听见球刷进篮网的利落声响。都是耍帅、耍帅。”

他们聊天时，验算了好几次的阿翔说：“教练，这下麻烦了。三队的胜负分差都一样。”

“真的吗？！”

听到这么巧的事，阿叉跟商商也走过去看。教练接过计算结果，口中念念有词：“怎么会这么巧……”

“要比哪一队得分比较高吗？”

“怎么会是比得分，能决定篮球比赛胜负的关键不是进攻，是防守！”

教练对阿翔投以赞许的眼神，铁血防守是教练的最高守则。阿叉看了一会儿后发言：“应该给‘啦啦队’晋级吧。”

大前锋大飞问道：“为什么？”

“虽然积分都是2分，但‘啦啦队’赢过积分最高的‘太阳队’。‘你们说这样队不队’跟‘黑子的篮球队’赢过的队伍中，都有才1分的‘热火分队’。能赢过强队的队伍比较强，照这个逻辑来看，‘啦啦队’是三者之中比较强的吧。”对啊，不少人赞同阿叉的论点，也有人持保留态度。

教练摇摇头："这方法不能用。"

换阿叉不服气地反问："为什么？"

"虽然听起来有道理，但这只能用说的而已，没办法给出具体的数据。"

教练用不容置疑的口吻说："只是得分或失分，都还有数据可比较。决定胜负这件事，没有数据，不足以信服人。"

"明明是篮球教练，却讲得一副跟数学很熟的样子。"阿叉咕哝着，不过他心里有数，虽然没人喜欢数学，但要是说起"比较"，数据不对或数据没道理都无妨，只要有数据，人们就会被说服，根本是迷信数学嘛。

商商站在阿叉旁边，盯着自己的手机屏幕，上面的周瑜吊饰晃啊晃的。她小声对阿叉说："我好像找到了数学方法，可以量化刚才你说的胜负关系……"

"真的吗？！"阿叉伸手拿手机来看，刚好握住商商的手。

商商像被电到一样全身晃动了一下，强作镇定说："分组计分的表示方法称为竞赛矩阵（tournament matrix），你记得矩阵吗？"

大概……记得，阿叉想了想。

"一个矩阵里有许多数字，举例来说，计分表是一组五乘五的矩阵，里面有 25 个数字，每个数字是 0 或 1，表示胜负结果。"商商停了停，阿叉的手让她有点缺氧，没办法一次说太多话："要是把矩阵平方，会再得到一个一样五乘五的矩阵。里面每一个字段的值，以第一列第二行那个位置来说，就是把矩阵第一列的所有值，跟第二行的所有值一个对一个相乘后累加的结果。"

商商一步步解释，阿叉写下 0+0+1+0+1=2。

“答案是 2？”

“没错。将其他的字段比照办理，就可以算出矩阵平方的结果。”

商商边说边算，清秀的笔迹下出现了有趣的结果。阿叉发现“啦啦队”的新积分竟然跟第一名的“太阳队”相同，甩开了原本同积分的另外两队。

T^2	啦啦队	你们说这样队不队	黑子的篮球队	热火分队	太阳队	积分
啦啦队	0	2	1	2	0	5
你们说这样队不队	1	0	1	0	1	3
黑子的篮球队	2	0	0	1	0	3
热火分队	0	0	1	0	1	2
太阳队	2	1	0	2	0	5

“这就是你刚才说的‘赢的是强的还是弱的对手’的量化。”商商开心地说。

“为什么会这样？！”

“因为平方后，矩阵每个字段的数字不再是单纯的两队胜负，而是指‘赢过的队伍中，有几队赢过这队’。好比新矩阵里，‘啦啦队’vs.‘你们说这样队不队’的字段，在第一行第二列，现在的值是 2，意思是：‘啦啦队’赢过的队伍有两队都赢过‘你们说这样队不队’。”

阿叉对照一下，“啦啦队”赢过“黑子的篮球队”和“太阳队”，这两队都赢了“你们说这样队不队”，没错。

“如果想把排名分得更清楚，还可以把这个概念继续延伸下去，用矩阵的三次方、四次方。越往下算，数字代表的意义就是‘**赢过的队伍赢过的队伍赢过的队伍赢过**……’”

阿叉检查其他字段，和商商说的一样。真神奇，竟然能这样量化。

哎，等等，说不定这样……

“太好了，可以帮到云方了！！”

阿叉激动地抱住商商。一瞬间，商商仿佛浮在半空中，俯视着被阿叉抱住的自己。

“谢谢你，商商，你真的帮了我一个大忙。”

阿叉放开商商，拿起手机。商商在旁边惊魂未定，竟然惊吓到灵魂出窍了。

“孝和，给你一些有趣的计算题……”

※

几分钟后，阿叉拿着赛程矩阵十次方的结果站在众人面前。

T^{10}	啦啦队	你们说这样队不队	黑子的篮球队	热火分队	太阳队	积分
啦啦队	193	80	96	160	72	601
你们说这样队不队	96	113	104	152	56	521
黑子的篮球队	80	72	113	96	80	441
热火分队	72	80	56	113	24	345
太阳队	160	96	152	152	113	673

“最后的分组排名应该是：‘太阳队’(673)>‘啦啦队’(601)>‘你们说这样队不队’(521)>‘黑子的篮球队’(441)>‘热火分队’(345)。晋级的应该是‘太阳队’和‘啦啦队’。”阿叉得意地给出他的结论。

“哎好痛，你干吗啊？”阿翔捏了捏阿叉的脸说：“我只是确定一下有没有在做梦而已，阿叉数学怎么可能这么好。”

“应该捏自己脸才对吧。”阿叉揉揉脸颊。

教练开玩笑道：“可以检查你是不是戴着阿叉面具的外星人。”

没有人对这个笑话有反应，教练干咳了一下，说：“很好，那我们就采用阿叉的名次结果。这方法很好用，我会跟学校建议以后不管什么分组比赛，都用这套方法。不要让人家觉得校队是一群头脑简单四肢发达的家伙。”

只有教练才被这样误会吧，这次倒是很有反应，学生间传出一阵笑声。

“还有阿叉，这方法是你提出来的，我也会往上报帮你记功。”

阿叉弯腰向教练致意：“谢谢教练！不过，不好意思啦，教练你的功劳可以算在另一位老师头上吗？”

阿叉转头看了看商商，她正在用手扇自己红通通的脸颊，看起来很热的样子。

“真正要谢谢的人，是你才对。”阿叉小声地自言自语。

矩阵

我们有时候得一次处理一组数字，就像文章里的比赛胜负结果，或全班段考考试成绩，这些数字彼此间有些关联，得放在一起看，才能看得出端倪。此时，“矩阵”可以派上用场。

矩阵的大小用两个数字相乘表示，例如 $N \times M$ 的矩阵 A，表示 A 矩阵的高度是 N，宽度为 M。文章里的矩阵 T 即是一个 5×5 的矩阵，共有 25 个数字。

关于矩阵的基本运算，加减法很单纯，两个矩阵相加减就是同一位置的该项相加减。例如

$$\begin{bmatrix} 1 & 4 \\ 2 & 5 \\ 3 & 6 \end{bmatrix} + \begin{bmatrix} 1 & 2 \\ 3 & 4 \\ 5 & 6 \end{bmatrix} = \begin{bmatrix} 2 & 6 \\ 5 & 9 \\ 8 & 12 \end{bmatrix}$$

要注意的是，因为得两两配对加减，所以矩阵的加减法有个前提：大小完全相同的两个矩阵才能进行加减运算。

乘法，就不是每一项对应相乘了。它的规则比较特别，我们直接看一个例子，如下。

$$\begin{bmatrix} 1 & 4 \\ 2 & 5 \\ 3 & 6 \end{bmatrix} \times \begin{bmatrix} 1 & 3 & 5 \\ 2 & 4 & 6 \end{bmatrix} = \begin{bmatrix} 9 & 19 & 29 \\ 12 & 26 & 40 \\ 15 & 33 & 51 \end{bmatrix}$$

先不管里面的数字，第一眼看到的是，不仅两个相乘的矩阵大小不相等，乘出来的新矩阵大小也不一样。这个大小的差异透露出矩阵乘法的关键所在：当两个矩阵相乘时，前面矩阵的宽度要跟后面矩阵的高度相等，等号右边的答案矩阵，每一项与其说是相乘得来，更像是“累加很多项相乘”的结果，好比最左上角的 $9=1\times1+4\times2$，最右下角的 $51=3\times5+6\times6$。

如果你能推理出规则，请用剩下来的几项来检验规则是否正确吧。

22

一起用概率找回遗失的记忆

“假设爷爷和奶奶的健忘是独立事件，‘同时记得一件事的概率’即是两人各自记得一件事的概率相乘。另外，也可以拿爷爷和奶奶的记忆进行比对，发现共同记得的事件数目是……”

欣妤努力地念出她上网找到的数学方法。

一家养老院
附近的公园
爷爷、奶奶
我们去散步哟。
被踩到就
不好了。
妹妹好有
爱心噢。
在路上
爬来爬去
看起来真
碍眼——
啊，
没有啦，
我觉得
它好丑、
好恶心，
有轮椅真好，
到哪儿都不用
担心没位子坐。
遇到比我们老的
也不用让位。
哈哈哈
记得前年
院里去宜兰
旅行……
哎，
真的有这
件事吗？
经你这么一说，
好像有哎。
还去了
一座很灵
的庙。
年纪大了，
变得好健忘。
想到忘记了
很多事，
就有些失落……
我有一个方法
可以帮助爷爷
奶奶回想噢。

巷子里的养老院由寻常公寓的一楼、二楼打通而成，环境称不上优雅，前院小小的，像勉强塞进地铁车厢的乘客，歪七扭八地挤在门前。好在附近有一个公园，欣妤偶尔会推着轮椅带老人家去那儿散步。

“申请学校可以加分。”

被问起为什么做义工，欣妤总是搬出这个答案。真正答案是——她本来就乐于助人。小学重新编班后，她看到积木整个一星期都没和别人交谈，才主动攀谈。欣妤无法对进入视线内需要帮助的对象置之不理，因此欣妤也一直很欣赏同样用真心对待学生的云方。

刚下过雨的公园步道上有一只蜗牛，欣妤弯腰将它放到草坪上，免得被冒失的路人踩死。

“妹妹好有爱心噢。”

“没有啦，我觉得它好丑，不想看到它在路上爬来爬去，好恶心——”

被养老院的老先生夸奖，欣妤不坦率地回答，就像她喜欢云方，却总是吐槽他。她陪一对老先生老太太在树荫下闲聊，他们进养老院好几年了，朝夕相处下建立起的感情，比久久才来一次的亲人还深厚。穿深蓝色棉袄的老先生开玩笑说：“有轮椅真好，到哪儿都不用担心没位子坐。”

“遇到比我们老的也不用让位。”老太太接腔，她穿了一件赭红色大衣。

欣妤在一旁笑着，她听过这个笑话不止一次，但每次听到都还是会笑出来，为老人家豁达乐观的态度而笑。

“记得前年院里去宜兰旅行……”老太太继续说着。欣妤觉得，比起用年纪来区分老人和年轻人，用喜欢回忆的频率或许更恰当。

在老人家身上，欣妤更能确认积木跟她说过的“人活着是为了制造回忆”这句话。但也因为年纪大了，回忆往往变得像拼图，每个人各自掏出片段的记忆，拼拼凑凑地重组：“哎，真的有这件事吗？”

“经你这么一说，好像是……”

“我们还去了一座很灵的庙。”

“我只记得中餐去了海鲜店。”

老先生感叹道：“真的是年纪大了，这么一群人七凑八凑，还总觉得有些什么忘记了。”

“一想到曾经发生过的事却没人记得，就有点失落。”

这不是他们第一次这么说了。不过，这次欣妤有所准备，弯下腰来用孙女撒娇的口吻说着：“爷爷奶奶，我有一个方法可以知道你们究竟记得多少噢。”

“噢？”

她蹲坐在老太太身旁，说着：“这是我们数学老师教我的方法，爷爷奶奶知道概率吗？”

“知道，丢骰子会出现几点的那个嘛，我以前当过学校老师。”老先生得意地说。

老太太想了想：“你是教语文的，不是吗？”

“那年代哪能只教一科？样样都要来的。”

“但语文老师通常兼任历史老师。文理分开……”

“没这回事。”

我们平常上课就是这样无止境地发散吧？欣妤体会到云方的无奈。她打岔说：“爷爷奶奶知道的话太好了，我们今天要用概率来算，大概有几件往事被遗忘了。爷爷记得 M 件回忆，奶奶记得 N 件回忆。假设两人拥有 X 件共同回忆，爷爷记住事情的概率是 $\frac{M}{X}$，奶奶是 $\frac{N}{X}$。

到这里可以跟得上吗？”

老太太点点头。

“再来，假设爷爷和奶奶的遗忘是独立事件。‘同时记得一件事的概率’即是两人各自记得的概率相乘，答案是 $\frac{MN}{X^2}$。然而，要是爷爷奶奶把各自的记忆拿出来比对，发现共同记得的事情是 P 件，那么，‘同时记得一件事的概率’也可以用 $\frac{P}{X}$ 来表示。这边得到 $\frac{MN}{X^2}=\frac{P}{X}$。因为 P、M、N 已知，可以反推出 $X=\frac{MN}{P}$。”

老太太没说什么，连欣妤讲完了都不知道，显然没听懂。欣妤反省，可能是变量解释太抽象。她改用数字解释：“举例来说，奶奶记得 5 件事情，爷爷记得 6 件事情，其中 3 件事你们同时记得。那么，可以估计爷爷和奶奶之间有 $5\times\frac{6}{3}=10$ 件回忆。”

“就是你刚刚说的 $X=\frac{MN}{P}$？”

老先生确认，欣妤点头说：“对，但你们总共想起 5+6–3=8 件回忆。换句话说，还有 2 件事忘记了。”

老先生摸摸下巴思考了一会儿，转过来问老太太：“你懂了吗？就是啊……”老先生用他的方式再讲解一次，不知道是他讲得比较清楚，还是相处多年，二人比较懂彼此的表达，老太太也懂了。她问老先生：“像上次聊天，我讲的事情你全都记得，这样的状况，那方法还能用吗？”

欣妤正想解释，老先生先一步回答：“用变量表示的话，就是 $N=P$，这时候共同回忆的数目 $X=\frac{PM}{P}=M$，也就是说，我们记得过去发生的每一件事情噢。”

“是你记得，不是我们，那是你记忆力好。”老太太语气里流露出一点儿感叹。

“不是这样的，刚刚的式子需要两个人，因为有你帮忙确认，才能验证我的记忆没错。所以这是我们一起的回忆。”

老太太嘴角浮现笑容，表情变得灿烂。“不管多大年纪，女孩子都还是喜欢听到这样的话呢。”欣妤开心地想着。

老先生感兴趣地提问：“妹妹数学真不错，竟然能分析过去的回忆。那么，你能算出我们将来会发生什么事吗？”

“算？我又不是通灵，怎么可能预知未来呢。”

老先生笑笑地摇头：“我不是这个意思，我是指好比啊，老人家喜欢回忆过去，不管是稍微聊聊，或‘开讲’整个一下午。但说句不怕触霉头的话，我们也老了，有时候聊着聊着，还真是有些感叹，不知道像这样的聊天，将来还有几次呢……”

“爷爷你别乱说，你们一定可以聊很多很多次，聊到连以前聊天的场景都可以回忆！！”欣妤听到老先生的话有些难过，刻意用开心的音调安慰他们。

“不然，让我问问看我们老师好了。”她走到一旁打电话给云方。

“用数学预测未来吗？嗯，利用数学预测的前提是：资料要有规律性。”云方在电话里这么说。

“老人家的生活很规律，或许有机会。”欣妤想着，听云方继续说：“好比搜索引擎用数学分析语言，发现英文的不规则动词会随着时间逐渐变成加 ed 的规则动词。变化的速度呢，得看不规则动词使用的频率，要是一个不规则动词比另一个动词的使用频率高 100 倍，其规律化的速度就会慢$\frac{1}{10}$，与前者的平方根成反比。理由是越常使用，人们越容易记得不规则变化。不常用才会忘记变化，最后就变成只加 ed 的规则动词了。”

“老师，这跟我的问题一点关系都没有吧。”欣妤在电话这端扁起嘴，鸡同鸭讲到这种地步也算是一种才能了。

“对啊，不然……你可以参考另一项研究，要是依照战争死亡的人数，分出不同的战争规模，规模越大的战争发生次数越少，死亡人数大约每增加 100 倍，战争发生的次数减少$\frac{1}{10}$。用这个结果继续推论，即可预估未来某个时刻发生超级大战的概率，这就是所谓的‘幂次法则’，英文叫作‘power law’——”

欣妤打断云方的话：“只要记录他们之前回忆的时间长短、强度，或许就可以预知，将来会发生某一等级回忆的概率是多少？”

“差不多是这个意思。”

“跟地震同样的道理嘛，我大概知道了，谢谢老师。”

“积木前几天也找我，你们最近的生活怎么都跟数学这么有关系？”云方感兴趣地问。

“巧合吧，老师可以算一下这个概率是多少吗？”欣妤怕说溜了嘴，用事不关己的口吻回答。

“这恐怕很难算……不过也不是不行，假设你每天——”

“有结果再跟我说，拜拜——”

欣妤挂断电话，将云方的话转述给老先生老太太。老先生歪着头想了想说：“所以说，我们如果现在用纸笔记录每天的活动，累积一阵子后就可以分析了？”

“我回去看看日记就知道了。”

“你有写日记啊？”

“有啊，从妹妹这个年纪就开始写了。”

“也让我瞧瞧吧。”

“怎么可能，哪有日记给别人看的道理。”

“这是为了分析，算数学啊比打麻将还有用，更能预防阿尔茨海默病。”

老先生老太太一搭一唱，欣妤扑哧笑了出来，她发自内心地觉得，来养老院服务，受到照顾的其实是自己。

不过这次，不只是自己要受到照顾，连老师也要拜托他们了。欣妤摸摸裤子后面的口袋，确认折起来的嘉奖申请单。

相关性

前面我们提过共同概率，表示两件事情同时发生的概率。假设第一件事情发生的概率是 P_1，第二件事情发生的概率是 P_2，共同发生的概率是 P_{12}。根据两件事情之间的关联性，这三个概率会有不同的关系。

这两件事情彼此之间又有不同的关系。比方说，“下雨”跟“马路会湿”这两件事，它们的概率关系即是 $P_{12} = P_1 = P_2$，因为只要下雨，马路就一定会湿。这种情况下，我们称两件事完全相关。

但如果是“午餐里有荷包蛋”跟“下雨”这两件事情，概率关系就是 $P_{12} = P_1 \times P_2$，因为它们完全不相关（让我们暂且撇开妈妈会看天气决定要不要煎荷包蛋的可能性），就像课本习题里求出先从袋子里抽到红球，再丢铜板出现正面的共同概率。这时候，我们就称这两个事件完全独立。

再举一个例子，“男生说话幽默”跟“交到女朋友”这两件事情的概率，关系就是 $P_{12} > P_1 \times P_2$。它们同时发生的概率比两个概率相乘要大，因为说话幽默，的确比较容易讨女孩子开心，进而赢得芳心。

此时称这两件事情，请允许我下个有点废话的结论：相关。

23

邂逅 Mr. Right 的概率

“透过排列组合与条件概率的分析，我们可以用不同方法来分割 30 分钟的快速约会时间。时间被分割得越细、切成越多段，会员遇到喜欢对象的概率就越高。”

云方解释着，家族企业的副总经理仔细聆听。拜托，一定要让副总经理对云方印象深刻，爸爸才肯出手……积木在内心暗暗祈祷……

“喜欢的类型”为什么没有“专一”这个选项？
大人的爱情世界真难理解。
让高中生填资料真的妥当吗？
不，比起这个，被同学们知道了更麻烦。
积木！！
婚友社
会员有30分钟可以在交谊厅认识异性……
你们打算怎么让会员使用这30分钟？
交谊厅有活动吗？
没有，因为人力不足，所以是自由活动。
没有工作人员在场，说不定会员更放得开噢。
使用的意思是？
目的是希望会员遇见想进一步认识的对象，将来便会更积极参与吧？
应该尽量减少跟同一个人聊天的时间，才能最大化活动的价值。
怎么分配？直接在交谊厅待30分钟？
是的。
是的，怎么了吗？
那，您觉得具体该怎么做比较好呢？

咨询室铺着厚实的深蓝地毯，踩着仿佛走在沙滩上。房间隔音良好，完全听不见外头声响。

“叫高中生填这种资料妥当吗?

“不，比起这个，被同学们知道我在填这种数据才更不妥当。喜欢的类型吗？活泼、率真、专一。为什么没有专一这个选项，难道婚友社认为不重要吗？还是在大人的世界里，这是不存在的选项？”

积木边填问卷，边任由心中各种想法此起彼伏。

最近公司大楼上面楼层空出来，积木的父亲评估后，决定将企业触角伸向婚友社。

“媒妁之言”是一项历史悠久的传统。古代这个职业称为“媒婆”，经营方式是个体户，需要的才能是：一次擦身而过，就能知道这家姑娘适合哪家公子。现代在台湾地区称为“婚友社”，以组织的形态规模经营，需要各式各样的人才，架网站、写程序分析会员数据。现今工作压力繁重，许多人将恋爱视为奢侈的消遣，年纪到了，才急急忙忙地寻觅结婚对象。从这个角度来说，婚友社绝对是未来最有潜力的行业之一。

父亲听完简报后，立刻决定投资。

但开幕前，父亲要到国外出差，便将开幕筹备交由积木负责。今天，积木参加试营运活动，扮演一日客人。

参加活动一方面是为了公司，另一方面是为了寻找机会。

在云方的帮忙之下，父子关系大为改善。也因为这样，父亲这回才愿意将重要的开幕任务交给他。积木希望能找到让数学发挥作用的地方，再一次，只要再一次就好，让云方能展现他的能力。他就有办法帮云方留在学校了。

※

填好资料后，积木走出咨询室，入口的电子广告牌正宣传本周末下午有一场两小时的活动，包括公司介绍、会员感情咨询等。为了吸引客户，婚友社让每一位现场加入会员的客人，有 30 分钟的时间到交谊厅认识异性。从小培养的商人直觉提醒积木这有问题，他转头对一旁的工作人员说："你们打算怎么让会员使用这 30 分钟？"

"使用？您的意思是？"

"怎么分配这 30 分钟，每位会员直接在交谊厅待 30 分钟吗？"

"是的。"

"交谊厅里有任何活动吗？"

"没有，因为人力不足，我们让会员在交谊厅自由活动。没有工作人员在场，说不定他们更放得开噢。"

积木记起看日剧时，剧里的快速约会或联谊活动，都要求每隔几分钟就换人。直接让客人在交谊厅里待上 30 分钟，绝对不是个好方法。但被问起"为什么要强制将 30 分钟分成好几段"，他也说不出个道理。

不过，如果问起这学期他学到的事情是什么，那就是当他没个头绪时，问题大多跟数学有关。

他拿出手机传信息，问云方在哪里。

"我刚好在楼下超市买东西，我上楼找你吧。"自从云方在超市里找到喜欢的茶包后，固定每隔一阵子就会来补货。

"我请人去接老师吧。"

※

半小时后，积木、云方、积木家的集团副总经理，以及婚友社

团队负责人齐聚在咨询小间。积木发言："我刚看到你们的活动。目的是希望会员在 30 分钟内遇见喜欢的对象，想进一步认识，将来便会更积极参与，或跟朋友介绍吧？"

"是的，怎么了吗？"明明只是高中生，自己却得跟他报告。负责人强忍内心的不悦。

"为了达成这个目的，我猜你们也安插了一些桩脚[①]，像是模特儿和医生？"

"没办法，来婚友社的人就算相信爱情，但普遍耐心不足，想赶快遇到适合的对象。安排桩脚就是针对这些人，让他们觉得在这里能找到满意的对象——"

积木点点头，伸手示意，被这样打断，负责人更有气。

"我懂你的意思，但你要是想这样做，更不能让一般会员跟桩脚交谈太久，免得露出破绽。也不该让会员之间聊太久，不然一次配对成功，他们就不来了。你要尽量减少会员跟同一个人的聊天时间，增加跟不同人相遇的机会，才能最大化活动的价值。"

"这我也知道。"负责人的不满到了极限，用刻意的恭敬口吻把难题丢回给积木，"您觉得我们该怎么做比较好呢？"

积木没立刻回答，对付这种喜怒形于色的人一点儿都不难，只要拿出成果，对方马上会乖乖听话。积木转头对云方说："老师，可以请您给点意见吗？"

早在和负责人见面前，云方就听过积木叙述整件事，也想出解决方法了。但积木却坚持邀请云方一起开会："对方看我是高中生，不会认真听我说话的。"

---

① 桩脚（Vote Captain），指选举中在基层为候选人拉票的工作人员，多为对该地方的政治熟悉并有一定影响力的人士。——编者注

“竟然欺负我的学生。”云方听见负责人的嘲讽口气，又想起积木的话，心中一股气。他点点头解释：“很简单。透过排列组合与条件概率的分析来分割这 30 分钟，就可以调整会员邂逅的概率了。我举三种状况给你听。”

云方的口气比平时强硬许多，讲解速度也像换过文件似的，比平常快上好几倍。

“案例 1：30 分钟一次用完。两小时有 4 个时段。

“给定 X 存在一位适合对象 Y，且他们心有灵犀，只要一起进入交谊厅便能找到彼此。假设这两人 X、Y 随机选择去交谊厅的时段，如此一来，两人不相遇的概率是条件概率：给定 4 个时段 A、B、C、D，X 先选 A 时段，且 Y 从 B、C、D 这三个时段中选 1 个时段（C_1^3），除以 Y 从 A、B、C、D 中选择 1 个时段的任意组合（C_1^4），答案是 $\frac{3}{4}$。两人邂逅的概率是 $1-\frac{3}{4}=25\%$。

“案例 2：30 分钟的额度分成 3 次，一次 10 分钟。两小时有 12 个时段。

“此时，给定 X 选了 12 个时段中的 3 个时段为前提，要是 Y 都选到 X 没选的 9 个时段，两人不会碰面。因此，在交谊厅邂逅的概率为 $1-\frac{C_3^9}{C_3^{12}}\approx 61.8\%$。相遇概率大大提升了。依此类推，可以采用更极致的方法。

“案例 3：30 分钟的额度分成 10 次，一次 3 分钟。两小时有 40 个时段。

“比照前两个状况的计算方法，邂逅概率为 $1-\frac{C_{10}^{30}}{C_{10}^{40}}\approx 96.5\%$，这几乎可以确定会邂逅。许多婚友社采取快速约会即是这个原因：将会面的时间切得很细，可见到更多人，提升遇到喜欢对象的概率。”

云方机关枪似地讲完，负责人手上的笔记越来越潦草，完全跟

不上云方的分析。

“可不是谁写笔记的速度都能跟得上云方讲解呢。”积木心中有些得意。进入数学脑模式的云方继续说：“最后一个方法的另一个好处是，就算遇到了，相聚时间也不长。第一种情境，遇见了，可以相处 30 分钟。第二种情境，每次相遇只能相处 10 分钟，有 49.1% 的概率相遇一次，可以聊 10 分钟；有 12.3% 的概率可以聊 20 分钟；能聊 30 分钟的概率，只剩下 0.5%。第三种情境，就算遇见了喜欢的对象，恐怕连名字怎么写也来不及问清楚。”

副总经理这时插嘴：“我觉得第二种情境不错，不仅相处时间跟相遇概率取得平衡，当相遇超过一次时，还可以说什么‘真巧，我们怎么这么有缘’之类的话，继续上次聊到一半的话题。”

云方皱了皱眉头说：“但这概率只比掷出 6 点骰子要小一点而已啊，不会小到觉得很巧吧？”

“是没错，不过一般人的数学不像老师这么好，能一下就算出来。况且就算来到婚友社，谈起感情，人们还是会忍不住相信起‘缘分’这件事吧。”

“这么说的确是。”云方表示赞同。

积木加入讨论：“但我同意老师，我认为第三种情境最理想，既可确保邂逅，邂逅时间又不长，只得再求助婚友社帮忙。”

众人讨论起来，唯独负责人插不上话，尽管在冷气房里，他却紧张得整个背部都冒汗了。

※

隔天，积木接到父亲打来的视频电话。

“我听陈伯伯说了，你昨天的事情处理得很好，有些事情不一定要自己会，重要的是会用人，找到能处理问题的人来提供解答，你负责做决定就好。”

陈伯伯就是副总经理。网络顿了顿，父亲的脸在屏幕上定格了一下，声音稳定传来：“那位就是你先前说过的辅导班老师吗？他跟一般老师果然不大一样。”

终于等到这句话了。

素来冷静的积木心跳加速。从计划要帮云方留在学校后，他就知道自己只有这条路可以走——靠父亲去游说校方。但他很清楚父亲不会轻易答应这种事，唯有让他主动注意到云方的优点，才有机会。

积木吐了口气，装出若无其事的口吻说：“对啊，他是一位很不错的老师，不过学校好像要开除他。”

“真的吗？你们学校怎么搞的？”

太棒了！积木放在桌子底下的手握起了拳头。

可以听我再说一些话吗…

条件概率

各位曾经走在路上被球打到过吗？应该不常发生吧。但如果走在操场上，那就是另一回事了。在某些前提事件成立下，一个事件的发生概率会随之改变，就是本次的主题“条件概率”。

条件概率跟共同概率很容易搞混。前者是在操场附近走啊走，然后被球砸到的概率。后者则是既走在操场附近，又被球砸到，这两件事同时发生的概率。

看吧，真的很容易搞混。

直接用符号说明，假定被球砸到为事件 A，走在操场上为事件 B。我们用 $P(A|B)$ 表示条件概率，共同概率则是 $P(A\cap B)$。这两者之间的关系为

$$P(A\cap B)=P(A|B)\times P(B)$$

不过既然今天的主角是条件概率，我们还是稍微调整一下式子，让条件概率在左边：

$$P(A|B)=\frac{P(A\cap B)}{P(B)}$$

可以看见，共同概率要再除以前提事件的概率，才是条件概率。

24

本福特定律挑战你的直觉

“372 元的首数是 3，62 元的首数是 6。假设统计全台湾地区的存款账户，首数是 1 和首数是 9 的比例不是我们直觉认定的 1：1，而是悬殊的 6.5：1！”

孝和听见台下一阵窸窸窣窣的讨论声。“大家都成功帮到云方了，接下来最后一棒就交给我吧。”

灵的直
孝和，介绍一下你的作品吧。
各位老师、同学好，
谢谢你们来听我的研究“失灵的直觉”。
“应该是这样吧”，我们遇到不懂的事，
常习惯歪头，用直觉思考，
那好像你之前练习做礼物用的橡皮擦？
然而，大多的直觉都不准，
不然就不会有人买乐透。
因为根本不会中啊。
直觉，是禁不起数学检验的。

校内科展会场，学生们换上正式服装站在作品旁，等候评审老师巡视。通常，没事的人不会来参观科展。但这次不一样，数学区的孝和像刚下飞机的摇滚巨星，周围聚满人潮，许多参赛者甚至撇下自己的作品，跑去看这位数学天才发表。

“失灵的直觉”

孝和海报上写着大大的标题。

他环视听众，阿叉一行人站在人群后方对他挥手。孝和嘴角微微上扬。这是一场接力马拉松，每个人轮流帮云方加分。现在轮到最后一棒的他，绝对要好好表现。半个月前，他动用了好学生的特权，临时跟校方报名参加科展。

“虽然有点儿赶，不过我有信心能拿到学校的代表权。等到参加全市科展，我一定可以做出一份夺得大奖的作品。”

如果是孝和，应该没问题吧。得奖是最好的宣传，校方被他打动了。

※

“跟我们解释一下你的作品吧。”评审长走过来，不同于其他作品，孝和的海报有许多部分都用色纸遮住，逼得众人一次只能专注在一个地方，跟用动画做简报有相同效果。孝和点点头：“各位老师、同学好，谢谢你们来听我的研究‘失灵的直觉’。”

像演讲般的开场，孝和用充满信心的口吻说着：“‘应该是这样吧’，许多时候我们遇到不懂的事情，常习惯歪头两秒钟，然后仿佛答案卡在脑袋里面一样，摇一摇，答案扑通一声就掉出来了。”

他边说边歪头，像变魔术一样，从耳朵里变出一块橡皮擦。

“那是你之前练习做礼物的橡皮擦吗？”

阿叉“哎”了一声问积木，积木眯起眼睛确认。

“有人称这是直觉。我们在生活中常依直觉行事。然而，大多的直觉都不准，不然就不会有那么多人在乐透选号时面带微笑，还善良地说要捐出一半的头彩奖金作公益。因为根本不会中啊。”人群中传来一阵笑声。

“要是理性点，应该会忧心忡忡地想着：50 元花下去，中三码的概率仅有 1.78%，六码全中的头彩概率更是低到一亿分之 7.15，只比出车祸的概率一亿分之 5.25 高一点儿而已。”孝和侃侃而谈。

“直觉往往禁不起数学检验。或者我们可以说，直觉本来就不准，只是世上并没有太多事情能搞清楚对错，所以不容易察觉直觉到底有多不准。好比我朋友常觉得有女生暗恋他，因为对方常问他要不要一起去合作社，但事实上女生只是单纯想找人拿东西，可是在告白之前，你无法确认这件事情的真相。”

“我的科展题目就是借用简单的数学统计，让大家实际体验看看，直觉跟事实间的差距有多大。”孝和停了停，侧身指着海报上的一段话：

翻开存折，看看每一笔数最左边的那位数字，将这个数字称为“首数”。

“我们先定义名词‘首数’，一百多万的首数是 1，六千多元的首数是 6，八十几元的首数即是 8。”

请用直觉判断，某个地区有两千三百万人，其存款金额首数，1 ~ 9 各个数字出现的概率各自是多少呢？

场面沉寂了一会儿，一位老师说：“均匀分布，每个数字出现的概率皆是 $\frac{1}{9}$。”

“谢谢老师，许多人的直觉应该和老师相同。顺从直觉继续推理下去，使用欧元的欧洲人的存款金额首数，日本人的日元存款金额首数，每个数字出现的概率应该都是 $\frac{1}{9}$ 的均匀分布。这项统计数字没理由在某地区是均匀分布，到其他地方就会改变，大家理当都该一样，对吧？”

人们点头。孝和撕开遮住底下的色纸，露出一张表格。

某地货币	100	200	300	400	500	600	700	800	900
日元	357	714	1071	1429	1786	2143	2500	2857	3214
欧元	2.5	5	7.5	10	12.5	15	17.5	20	22.5

“这张表是指，假设某地区有 9 个人，户头里各自有 100, 200, ⋯, 900 元，符合方才老师说的均匀分布。要是银行忽然将他们的存款改以日元或欧元计算，换算后的结果……”

“哎，没有首数是 9 的？”

有人眼尖看到问题所在，孝和回答：“对，日元跟欧元的首数 9 在表格中消失，首数 1 则从出现一次，大幅增加到三四次。考虑更一般的状况，我们可以得到下面的统计图。当该地货币换算成欧元或日元时，首数数字小的出现概率都比较高。”

孝和又撕掉一张色纸，出现一张统计表。

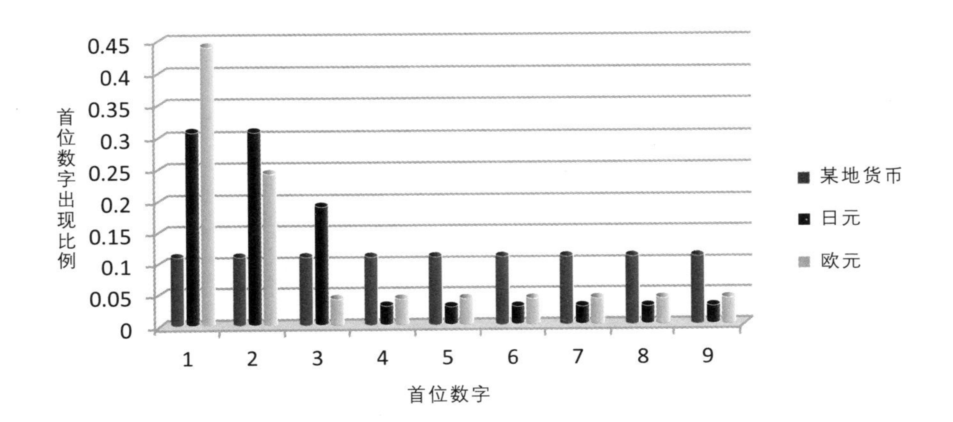

“这些数据告诉我们——直觉失灵了。这个不直觉的现象，可以用一个数学定律来描述。”

孝和指着统计表下一段粗体的叙述。

本福特定律：以自然形式出现的数，其首数是 1 的概率约 30%，是 2 的概率为 17.6%，依序递减，首数是 8 与 9 的概率各自仅有 5.1% 与 4.6%。

孝和想起刚到班上时，听到云方为了帮积木，用本福特定律分析百货公司的折扣。后来他自己上网搞懂了本福特定律。也因为有这段过去的经验，这次他才能这么快准备好科展。

“为什么会这样啊？”欣妤称职地扮演桩脚，举手大声发问。

“很好的问题，要解释这种不直觉的递减现象，我们得先提一个生活中的例子。想象一块长条蛋糕，上面做成波浪状，厚度不一，有些地方高，有些地方低。”

孝和拍拍手，商商从海报后方走出来，手上端着一条孝和描述的那种蛋糕，高低起伏，望过去像是一块凝固的海浪。

“要是有四人想依照比例分蛋糕，最常见的做法就是由上往下将蛋糕切成许多片，每一片大小符合每个人能拿到的比例，切完后依序 1、2、3、4、1、2、3、4……分配。每个人根据自己的编号，间隔地挑出属于自己的蛋糕。”

孝和边说边做出切的动作，接着回头又将海报上的色纸撕掉一块，露出一张图。

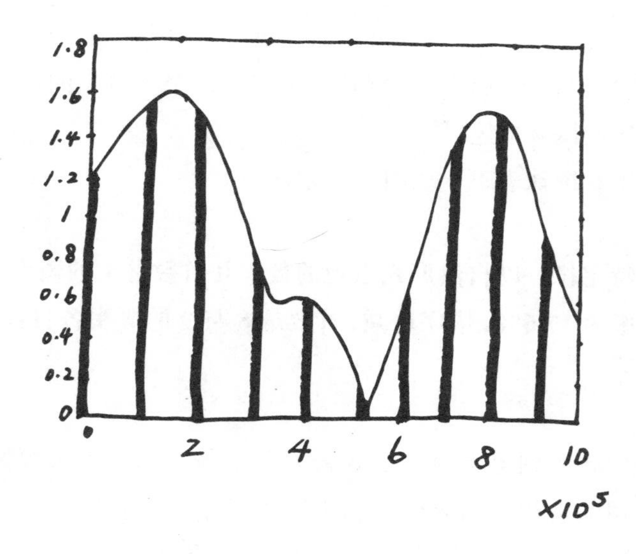

“这图就是其中一人拿到的结果。每隔一段距离，切下等宽的一部分。可以确保每个人拿到他该拿到的比例，不管蛋糕的厚度怎么变化都没关系。这称为‘理想蛋糕分法’。”

“这个例子，该不会是之前切蛋糕的灵感吧。”欣妤小声地说。

"回到首数问题。要是统计某地区的银行存款，存款的统计分布图可能会长得像这样。"

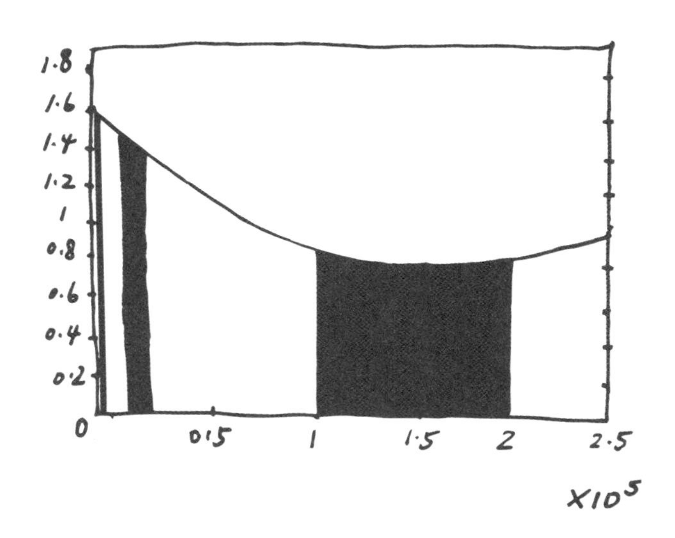

海报上又出现一张图。

"首数为1的区域用蓝色表示。要是将整个曲线想成一条蛋糕，切下的蓝色区域起先是一条细细的'1'，过了2～9后，再来一块粗一点儿的'10～19'，这次得隔久一点儿，过了0～99，才会再出现更粗的'100～199'。然后是'1000～1999'。切下的区域分别是1、10、100、1000……切的间隔是8、80、800……。"

孝和停下来，他用到的数学其实不难，只是人们不习惯从数学角度看事情。就像刚走进黑暗的房间，得花点时间适应，所以得适时放慢速度。这是他从云方身上学到的技巧。阿叉他们听云方讲解数学时理解得很快，正是因为云方懂得站在听众角度思考。

“换句话说，依据不同首数的蛋糕切法，在不同间隔间切下大小不同的面积，乍看之下，不是刚才说的理想蛋糕分法。”

他又停了一会儿，然后说：“不过，要是将 x 轴的金额取对数（log），就会得到另一张图。”

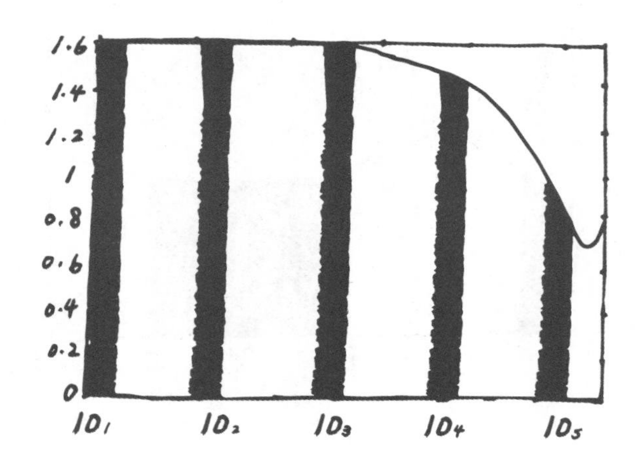

“可以看见，我们重现了‘等间隔切下同样大小’的理想蛋糕分法。不管蛋糕厚度怎么变化，理想蛋糕分法就是，每个人分到的蛋糕比例，就跟他每段切下来的长度与其他人切下来的长度的比例相同。”

关键来了，孝和放慢速度说：“再来，我们要算的就是不同首数在这个图形中所占的比例。对 x 轴做了对数转换后，首数为 1 切下来的面积所占比例是 $\lg2-\lg1=\lg2$，趋近于 30%，首数是 2 的比例是 $\lg3-\lg2=\lg(\frac{3}{2})$，趋近于 17.6%，可以归纳出——”

首数为 x 时，切下来的面积所占比例为 $\lg(1+\frac{1}{x})$

孝和指着海报上的粗体字说："这是每个首数在这张图上占的比例，对应过来，就是真正的首数分布。"

他移动脚步，这回他不给听众太多思考的时间，直接用例子说服他们。或者说，说服他们的"直觉"，让听众接受他的论述。

"回到刚刚不同币值的问题，假设某地货币的存款首数分布依据本福特定律，这样的该币存款换算成欧元跟日元后，可以得到这张图。"

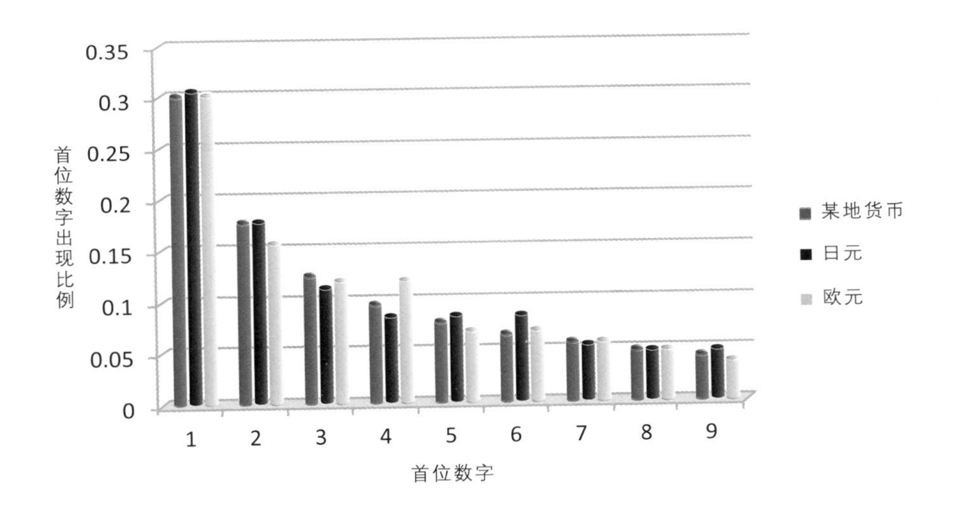

"不同货币的趋势都相似，符合本福特定律。终于，我们看到 log 离家出走，离开了数学课本。"

台下传出一阵"真的哎"的声响，人们交头接耳讨论着。孝和指向海报的小标题"**本福特定律的应用**"，底下写着

只要是自然产生的数据，且数据涵盖范围很大，首数分布即会符合本福特定律。因此，本福特定律具有很大实际用途。好比，统

计公司一年的各种报账款项，便会看见本福特定律的存在。政府或会计师即可利用本福特定律审核公司报账，如果不符合本福特定律，可能就有问题了。

孝和停了一下，众人把视线从图片移回到他脸上。

“从一开始就说，别相信直觉了。谢谢大家。”

评审长第一个鼓掌，观众们纷纷拍手，掌声形成了巨大的旋涡，孝和被包裹在其中。孝和对着其他人眨了眨眼。

他总算完成了最后一棒的冲刺工作。

取样

“婚姻方程式”里介绍过统计的精神，是根据收集到的数据，反推回数据的特性。收集数据的过程称为“取样”。比方说西方国家选举时统计民调，可以靠电话访问、问卷调查。取样这件事，看起来虽然烦琐，但好像不难。实际上，没有错误的取样，却容易出现“想调查 A，却取样出 B 的状况”。

举例来说，要是在某个候选人家乡做的问卷调查，得到的该候选人支持度一定会比全国范围内的支持度来得高。或是市话电访，调查使用手机的人口比例，可能会得到比实际比例要低的结果，因为不少有手机的人可能没办市话。

这和先前“邂逅 Mr.Right 的概率”中介绍的条件概率观念有些相似。原本想访问的是候选人在全国的支持度，却取样成了候选人在家乡的支持度；想了解全国使用手机的人口比例，却变成了“全国有市话且使用手机的人口比例”。在取样中不小心掺入了某个条件，统计变成只调查特定族群。

尾声

超展开数学教室

其他社团活动都结束了，整栋社团大楼黑漆漆的，数学深海里的安康鱼点亮头上的灯，吸引了五条小鱼在身边游着。

这次，他不再孤独了。

阿叉在做篮球队的练习吗？
上次孝和跟我说的啦。
孝和咧？
逃课了，他说新老师上课一定很无趣。
这样走比较省力啊。
S 形上楼的话，楼梯相对变矮。以阶梯高 17 厘米，深度为 27 厘米为例，斜率是 0.67，仰角约 33.7 度……
其实我也不想上，只是搞不好——
你什么时候数学这么好了？
云方太想当老师，改了名重新来应征？

下学期开学了。第二周是辅导班第一天。

欣妤和积木去教室的路上，在楼梯间看见阿叉的背影，他斜斜地踱步上楼，碰到墙边，转身，再斜斜地朝另一个方向往上。

“篮球队的练习吗？”

阿叉转过身来，像分享宝物似地双眼发亮说：“这样走比较省力啊。S 形上楼，等效可以看成楼梯高度变矮。以阶梯高 17 厘米，深度为 27 厘米为例，若是直直往上走，楼梯斜率是 0.67，仰角约 33.7 度。如果斜着走，假设斜度为 Θ，水平距离将增加 $\frac{1}{\cos\Theta}$ 倍，但因为高度不变，斜率便从（高度 / 深度）变成（高度 / 深度）$\cos\Theta$。Θ 越大，楼梯的等效斜率越低。最大极限取决于楼梯的左右长度，也就是 $\tan\Theta$= 楼梯深度 / 楼梯左右长度。假设左右长度为 100 厘米，Θ 就是 74.9 度，斜率从 0.67 下降到 0.17，楼梯仰角只剩 9.6 度，爬起来超轻松的。”

“你什么时候数学也这么好了？”

阿叉三步并作两步上到楼梯角，搔搔脸说：“上次孝和跟我说的啦。郊区景点都有超级平坦的阶梯对吧，那种阶梯啊，尽管垂直高度不低于一般阶梯，但走起来就是比较轻松。原因就是斜率小。斜走，等于将一般的阶梯深度增加成那种平坦型的阶梯深度。”

“孝和咧？”阿叉的脸像报纸一样皱起来。

“他逃课了，他说新老师上课一定很无趣。唉，其实我也不想上，只是搞不好——”

“搞不好什么？”

“搞不好云方太想当老师，改了名重新来应征？”

※

“看来我高估云方想当老师的决心了。”一进教室，阿叉沮丧地吐出这句话。

坐在第一排的商商挥手，阿叉坐到她左边，欣妤和积木坐在阿叉后面，四个人又回到上学期第一堂课的坐法——俄罗斯方块的Z形。新老师做完短暂的自我介绍后便上课，一点儿多余的时间也没浪费。商商拿出语文课本，积木低头抄笔记，欣妤玩手机，阿叉把计算纸揉成一团纸球，抛啊抛地，偶尔跟商商聊天。

新老师不在意有没有人听课，自顾自地讲着。

快下课前，教室后方传来敲门声。

“你来啦。”新老师对孝和打招呼，两人仿佛早就认识一样。

“对啊，我带大家过去啰。”

“麻烦你了，这次让你逃课，下次不可以噢。”

“要看老师你上课有不有趣啰。”

孝和对一头雾水的其他人挥挥手，要他们跟着他走。

※

一群人在校园里走着，入夜后的学校一片漆黑，夜间照明的光线从远处的操场投过来，把影子拉得长长的。走上社团大楼，阿叉跟孝和像行军一样并肩S形上楼，商商跟在后面，积木与欣妤殿后。欣妤说：“孝和认识新老师？”

“他是云方介绍来的，寒假我跟云方一起准备科展，他偶尔也会来讨论。”

孝和获得校内科展数学组首奖，再过半个月就要参加全市比赛。

“你还有跟云方联络？他现在在哪儿啊？”

“该不会失业流落街头了吧。”欣妤开玩笑地半打听着，如果云方真的失业，她就要积木帮忙。事实上，不用她说，积木也会主动帮忙。

孝和回头笑说：“云方被我养在这里。”

阿叉小声嘀咕："我知道你家的狗是流浪狗啦，但没想到你连流浪教师也收养……"

来到三楼，一排漆黑的走道只有一间教室亮着。走进去，他们顿时被教室的布置吓到，教室后方是四个顶到天花板的巨大白铁书柜，里头全是数学书籍。墙上挂满跟数学有关的海报，桌椅排成六组，每组桌上都是奇怪的数学玩具。云方正靠在墙边，专心地贴海报，阿叉凝神一看，是商商的得奖作品《数字红楼梦》：

"四丫鬟娇嗔掀盖子，贾宝玉据理靠分析"

"恃才气薛宝钗下赌，仗数学贾宝玉通吃"

除了网络上刊登的两篇外，原来还有第三篇：

"怜自身潇湘妃子泣，逗黛玉怡红公子算"

上学期末他和商商一起用矩阵运算分析胜负的篮球赛积分表也被贴在墙上。

"啊，你们来啦。"一看到他们，云方脸上露出比日光灯还灿烂的笑容。

※

上学期结束后，学校召开评鉴会，按照绩效来说，得开除云方。

但校方很好奇为什么云方辅导班上学生参加的各种活动，都跟数学扯上关系，而且都由云方担任指导老师。校方找来云方跟孝和了解缘由后，决定改聘云方为特聘教师，创立一间数学教室。校方希望借重云方广博的数学知识，让学生在各项数学相关竞赛中得奖。

云方也认为比起上课，他更擅长诱发学生对数学的学习兴趣和动机。

"谢谢你们的帮忙，让我不仅能继续当老师，还能做更适合自己的事。"云方低头致意。

“孝和好奸诈，都不说。”

“云方叫我守住秘密，想给你们一个惊喜。”

“臭美——竟然觉得自己是惊喜。”欣妤嘴上不饶人，却藏不住笑容。

云方笑了笑说：“我原本也想过回去当工程师，可是放不下你们，所以又回来了。”

“老师被学生们影响了，说话这么直接都不会害臊。”阿叉笑着说。

云方被这么一说才不好意思，扮了个鬼脸说：“记不记得我有一次跟大家说，趁年轻时多去尝试各种可能，才能在过了一定年纪后，决定自己将来要做什么吗？”众人点点头。

“我当时是用概率解释，但后来，我想想用‘蚁群算法’也可以回答这个问题。”

“蚁群算法？”

孝和问，他们拉开前排靠椅子坐下。云方站上讲台，声音清晰地传到每个人耳中，时光仿佛倒流回上学期的辅导班：“它的概念是这样的：假设有一千只蚂蚁从巢里出发，分别来到食物旁，将食物背起，带回巢中。蚂蚁不会坐在一起泡茶聊天，没办法讨论谁走多久，谁走的路径比较短。它们只会借由伴随足迹所留下的费洛蒙[①]强弱，判断该往哪前进。气味越浓，表示越多蚂蚁走这条路，讲究团队精神的自己也该跟着走这边。”

“蚂蚁也很适合打篮球嘛。”

“为什么？”

① 费洛蒙，一般指信息素，可被同物种的其他个体通过嗅觉器官察觉，具有通信功能。——编者注

“篮球最讲究团队精神了啊。”阿叉理所当然地回答。云方继续解释：“想象一千只蚂蚁中，有一只特别幸运的蚂蚁走到最短路径。其他的蚂蚁继续走各自的路，一小时后，走最短路径的幸运蚂蚁搬了最多食物回家，同时因为来回最多次，在那条最短路径上留下了最浓密的费洛蒙气味，其他蚂蚁被‘牵着鼻子走’，有些就改变行进方向，走上最短路径。越多蚂蚁加入，留下的气味越浓，就吸引更远的蚂蚁加入。最后呈现在我们面前的，就是一条黑色细线。”

云方伸手在空中轻轻一画。

“许多人认为，人生是由无数次随机掷骰子组成的。学测、高考、选志愿、研究所、第一份工作、第一次跳槽等，许多时候，好像只是刚好因为当下的环境而做的选择。但仔细想想，或许是在不经意中执行了蚁群算法。每天，各种未来的可能都以不同的形式出现在生命当中，起先我们随机乱抓，从各种事物中得到了名为 X 的元素。

“有些 X 多一点，有些 X 少一点。

“累积一定程度后潜意识苏醒，睁开了眼睛，开始选择能得到最多 X 的未来，选择多了，累积的 X 越来越多，更坚信自己会往这边走。这就仿佛灌气球一样，不是忽然变大，而是在慢慢充气，不知不觉中渐渐变大。”

孝和与云方已经建立起良好的互动，他用自己的话重新解释：“老师的意思是，‘未来是外在压力，现实考虑下，被社会左右’的论点只对一半。每个人都会受到外在影响，但真正影响我们的不是外在，而是内心深处那自己都无法改变的，将每件事物赋予不同程度的 X 的意识。”

商商补充：“叔本华说过：‘我们的绝大多数行为由一种名为动物本能的意识主导，理智被排除在决定圈之外，只能负责事后解释的任务。'"

"你连在哲学界也是女超人。"阿叉对商商开玩笑，商商已经习惯阿叉说话的方式，对他一笑。

孝和又发问："不过，这么说来，搞懂自己在执行蚁群算法恐怕不够，要认清专属于自己的 X 是什么，恐怕才是关键。"

"说了那么多，X 到底是什么？"欣妤插嘴，没人可以回答。

隔了半晌，云方才缓缓说道："我觉得每个人都不一样，积木的 X 是父亲的认同，孝和的是学习新知。正因为渴望的不同，才造就了各式各样的人生。回到和上次一样的结论，想知道自己真的适合什么，就得探索各种不同的可能，才能越来越清楚。"

"这次没叫我们学数学了？"欣妤故意问，云方笑着摇摇头。

"不需要，你们现在都对数学有兴趣了。以后，随时欢迎你们来这间数学教室玩。"

"谁要来啊。"

"一看到那么多数学就想睡觉了。有这种教室，安眠药会滞销吧。"

"比起这边，我宁愿回教室上课。"

大家你一言我一语地说着，却没人离开。

其他社团活动都结束了，整栋社团大楼黑漆漆的，只有在数学深海里的安康鱼点了盏灯，吸引了五条小鱼，在他身边游着。

番外篇

输了加码，永远不输？

阿叉参观起云方贴在教室墙上的海报。

“这不是商商的《数字红楼梦》的第三篇吗？”

阿叉站着读了起来，心仪女孩的作品，就算满是数学，读再多遍也不会腻。

却说，在《红楼梦》的世界里，有这么一段鲜为人知的故事。
宝哥哥怎么又把黛玉姐姐弄哭了？
还不快过来安慰黛玉姐姐。
不干你宝哥哥的事，是我在窗边听到他们分析赌博，
听到后来发现，连赌博也讲究家世，
我想起老家的境遇，沦落到寄人篱下，
不禁悲从中来啊。
包管你以后不管跟谁赌博，都能赢钱。
宝哥哥快说啊，这么厉害的方法我也想听！
表妹，你是我们家的一分子，怎么算寄人篱下呢？
有些技巧我没讲，今儿个我告诉表妹，
再说，方才我的分析还有所保留。
探春喜欢刺激，我教你另一种技巧。

却说，在《红楼梦》的世界里，还有这么一段“鲜为人知”的故事。

黛玉从怡红院离去后，宝玉追去黛玉的潇湘馆，大门深锁，屋内黑压压的。宝玉唤了黛玉的名字，也不见人来应门。宝玉在潇湘馆前来回踱步，一阵凉风吹过，宝玉拉紧了领口，想想，黛玉身体不好，要是在外面着凉了，他真是罪过了。

忽然，一个可能的地点从宝玉脑海里闪过——黛玉葬桃花之处。

宝玉来到花冢附近，果然没错，远远便听到女子的啜泣。走近一瞧，除了黛玉在那儿哭外，不知道为何三妹探春也在，陪在黛玉身旁安慰她。探春一抬头看见宝玉，再看见他手足无措的神情，立刻追问：“宝哥哥，你怎么又把黛玉姐姐弄哭了？还不快来安慰她。”

“这回不干你宝哥哥的事，是我在窗边听到他向袭人分析赌博，听到后来发现，连赌博这桩事，也讲究家世，有钱的人才会赢。我想起老家的境遇，沦落到寄人篱下，不禁悲从中来。”

探春听她这样说，也不知道从何安慰起，毕竟她正是黛玉口中寄人篱下的屋主，黛玉心思七拐八弯，可别一个不小心，让她觉得自己话中带刺。探春对宝玉使了使眼色。宝玉走过来，坐在黛玉旁边，拿出他方才想好的台词：“表妹，你是我们家的一分子，怎么算寄人篱下呢？再说，方才我跟袭人分析的数学，其实不全然是这样的，我有些方法还没跟她讲，今儿个我告诉你，包管你以后不管跟谁赌博，都能赢钱。”

黛玉擦了擦眼泪，看见宝玉似笑非笑的表情，一脸期待黛玉追问的样子。

“宝哥哥，你快说啊，这么厉害的方法我也想听听。”

“探春可能不适合，你比较喜欢刺激，这法子保证会赢钱，但不能让人赢大钱。不过我可以教你另一种方法，让你平常可能输小钱，但一赢，保证赢大钱。”

“好啊好啊，小输小赢没意思，既然都花时间了，当然要赢个大的回来，快告诉我吧。”

宝玉绕到两人面前，取出赌具，他说：“我坐庄，你们俩分别跟我对赌。我给你们的妙计很简单，黛玉每次下注，如果前一把输，这一把就加码；如果前一把赢，这把维持不变。探春刚好相反，如果前一把输，这一把下注维持不变；如果前一把赢，这一把就加码。”

“这样就能像宝哥哥说的那样，黛玉姐姐保证赢钱，我则有可能赢大钱？赌博不都是概率，有输有赢，平均起来没输没赢吗？”

受到宝玉影响，探春对数学也稍有理解。黛玉手伸进衣服里找东西找半天，她还没发现自己把钱遗失在怡红院门外。宝玉装傻地说：“不然我先解释给你们听，你们看看合不合理。”

宝玉继续解释：“举个例子来说，假设我们连续赌四场，每一场输赢概率各半，四场下来，有输有赢，共有 16 种可能。先前宝姐姐跟我赌时，每一注的赌注都固定。整理一下可以发现，有 6 种可能最后没输没赢，各有 4 种可能会赢 2 两银子或输 2 两银子。赢 4 两银子跟输 4 两银子的次数就是全输或全赢，各有 1 种可能。输钱跟赢钱的概率刚好对称。”

“这该怎么算出来？”探春发问。

宝玉拿起一片锐利的砖瓦，在凉亭的地板上画出一幅图。

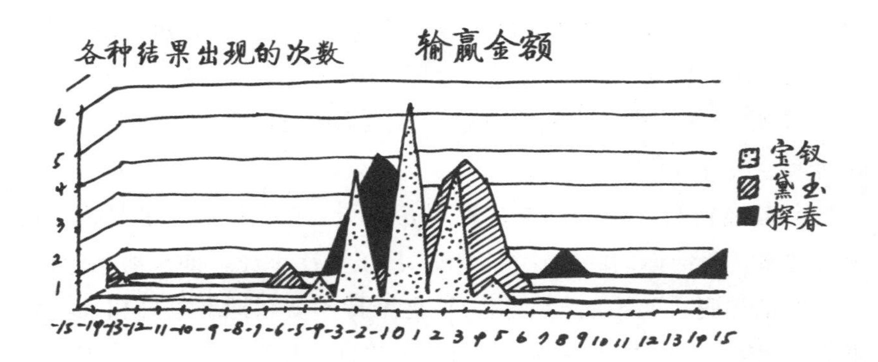

“这得靠二项式定理来分析……嗯，有些复杂，我们改用‘杨辉三角形’好了。”

宝玉忍不住卖弄了一下专有名词，奈何探春跟黛玉完全没注意到。讨了个没趣，宝玉只好开始用三角形的方式，依序一行行写下数字。

1
1 2 1
1 3 3 1
1 4 6 4 1

“赌四场，就对应到第四层的 1、4、6、4、1，即分别是输 4 两银子、输 2 两银子、没输没赢、赢 2 两银子、赢 4 两银子的次数。但要是表妹照着我建议的方法‘输钱就加码’。想象一下，就算前三场皆输，亏了 1+2+4=7 两银子，但只要下注 8 两银子的第四场赢了，输多赢少，还是翻盘。以刚才的方法整理起来，16 种可能里只有 4 种可能会输钱，例如连输四场，或赢一场后连输三场。剩下的 12 种可能都会赢钱，只是赢得不多。”

黛玉低头思考，宝玉转头对探春说："我教探春的方法刚好相反。就算连赢三场，赚了 7 两银子，只要第四场一输，就会倒输 1 两银子。但反过来说，假如能一直连赢下去，最高可以一口气赢 15 两银子。"

探春发问："可是宝哥哥，你先前给我看的洋人数学书提到，赌博是概率事件，最后的结果会趋近期望值，不管怎么赌，应该都要相同啊。为什么你可以靠改变策略，得到不同的结果呢？"

"因为期望值还不足以完整描述整个随机事件。同样的期望值，同样的可能状况组合，有可能会对应到完全不同的概率。方才我建议你们的方法，无法改变期望值，但可以改变各种状况的概率，达成'容易小赢，但有机会大输'，跟'容易小输，但有机会大赢'的结果。"

没说话的黛玉这时忽然嗔责宝玉："原来如此，宝哥哥你好狡猾，我照你的方法下注，虽然不容易输钱，但一输，有可能会输到 15 两银子，就算概率小，但输这么大一笔数目，我才不跟你玩呢。"

宝玉连忙解释："不不，妹妹，我们举的例子是以赌四场为例。实际操作时，要是你真的连输四场，没关系，可以继续赌下去，下一场加码到 16 两银子，要是一赢，不就又赢回来了吗？这方法好就好在，只要没有赌注上限，不论怎么连输，最终都会有赢钱的那刻。赢的金额，刚好是第一次下注的数目。你不信的话，我们明天一早就去找大家来玩玩看。"

"可是，要是一直输下去，不但钱会输少，赌本还得增加，我怕我没那么多筹码可以赌。"

"没关系，到时候我借你就好了。"宝玉拍胸脯保证。

听了这话，虽然黛玉心想："这么说来，最后还不是在比谁的

资本雄厚吗？”但看见宝玉讲了这么一大番道理，只为了讨她开心，心头一喜，也不计较了。

可以听我再说一些话吗…

二项式定理

二项式定理得从很多人从中学起就讨厌的公式：$(a+b)^2=a^2+2ab+b^2$ 说起。

这个公式可以看成 $(a+b)(a+b)$，从两个括号中各自选一项出来相乘，整理后的结果。a^2 这项来自“两个括号都选择 a”，b^2 是同样的道理，$2ab$ 则是“第一个括号选 a、第二个括号选 b”以及“第一个括号选 b、第二个括号选 a”，因此会有两份 ab。选择的过程其实跟组合很像，因此二项式定理才会被放在排列组合里提到，并且用组合符号 C 来描述：

$$(a+b)^n=C_0^n a^n+C_1^n a^{n-1}b+C_2^n a^{n-2}b^2+\cdots+C_{n-1}^n ab^{n-1}+C_n^n b^n$$

不过，几百年前的宋朝数学家就发现，可以用

1
1 2 1
1 3 3 1
1 4 6 4 1

这样的三角形来算出二项式定理的系数 C_k^n，n 表示的是第几层，k 则是该层的第几个。三角形生长的规律也很简单，每一层连续两个数相加，就会产生下一层新的数。好比说第二层的“1、2、1”，第一个数 1 左边没有数，所以往下会长出一个 1，再来 1+2=3，2+1=3，最右边的 1 右边又没数，往下长还是 1。因此就可以看到第三层的“1、3、3、1”。运用这么简单的规则，就可以把 $C_k^n=\dfrac{n!}{(n-k)!k!}$ 的公式扔到一边了。

后记

后记

太感谢！你竟然看到这页了！

你可能从头到尾认真读完，跟着云方推导算式；你可能跳过数学部分，知道商商跟阿叉在干吗，但不太清楚那些数学细节；你可能刚好孝和上身，只看数学不看文字，不过这概率恐怕相当低；当然你也可能此刻正站在书店，恰好直接翻到这页。那么，我有一句真心建议想送给你：

这是一本幸运连锁书，拿起书的人不仅得立刻拥有它，还得再买 2 本送给 2 位朋友。如果照着做了，就会有意想不到的好事发生。

连锁书是指数成长，威力非常强大。倘若每位看到上面那句话的人都照着做，一小时连锁一次，经过一天，就有高达 1678 万人次。

不可能的事情，对吧？

不过，讨厌数学的人数，仅在台湾地区就可能超过 1678 万了。

以前的我也是其中之一。

※

我父母都是小学老师。从幼儿园中班起，因为妈妈把我带在身旁照顾，我就这么先修了一年级跟二年级的课程。等真的念小学时，一切都只是复习，成绩自然很好。或许是因为这样让我对学习产生了信心，学习之路才会如此顺利。特别是数学，我的数学成绩一直都很好，我也很喜欢去弄明白不懂的事物，解决解不出的难题。

但这跟**喜欢数学**是两回事。

爸爸退休后投入数学教育领域，买了很多数学书，写了一整柜

的手稿，设计着让小朋友能从游戏中学习数学的教材。那几年，他常兴奋地跑到我房间——

“你看，九宫格里的数，不管怎么加都是 15 哎。”

“我知道啊，益智游戏里看过。”

我用眼角余光看了他递给我的计算纸，继续上网。

“很神奇对吧？”

“嗯。”

“几千年前《洛书》就记载了解法：‘戴九履一、左三右七、二四为肩、六八为足、五居中央’……”

爸爸丝毫没察觉到我的敷衍，噼里啪啦分享完他的大发现，再回到他位子上，回到数学世界。我偶尔闪过一丝愧疚，但更多时候是觉得：“啊，应该也没关系吧。”

然后，他被诊断出癌症，骤然过世。

※

我开始阅读他留下的几百本数学书。起先，我常常在公交车上看着看着就睡过头，觉得安眠药业者一定很怕这些书。

只要看十分钟，不需口服，毫无副作用，药效特强。

怎么看都是横扫安眠药市场的广告台词。

支撑我继续看下去的是爸爸留在书里的笔记：可能是一小段心得、一个突发奇想，甚至只是一段旁白，用铅笔画下的浅浅一道线。这些微不足道的小发现都会让我很开心，揣摩起他看这页时心里想的是什么，脸上是否又露出了当年跑来我房间时神采洋溢的笑容。

在这过程中，我才渐渐理解为何他那么喜欢数学。“他喜欢的”和“我在学校学到的”是名称相同，但宛如黑白分明般截然不同的数学。他喜欢的数学是一个实用的工具，是一种服从于逻辑的理性思维，更是一门纯粹的艺术。

※

看了几年，我尝试写作，将散文或小说与数学相结合。从几位朋友创办的社交网站写作社团，到科普网站，再到报章杂志，接着就是这本书了。我在《再见，爸爸》里曾提到，爸爸的最后一个月没留在病床上，而是跑去拜访了好些地方，希望能找到人选，托付他的数学成果，延续下去并继续推广。可惜没找着。

他离开后，我想，不如就由我来帮忙吧。

但现在，我发现与其说帮忙，更像他告诉了我一个有趣的方向，让我有所发挥，也乐在其中。我想让大家知道数学实用、有趣的一面。这不仅是他的志愿，如今也成了我的志愿。

“我给你留下的，是一座宝藏。”

他曾经开玩笑这样讲，我当时白眼翻到都可以看到眼球背后的视神经了。

现在想想，好像他是对的。

书中的人名，都跟数学运算有关：和、差、积、商、余。云方取自次方的“方”，以及父亲名讳云台的“云”。如果爸爸还在，又年轻个三十来岁，有更多体力与干劲，应该真的会像云方这样，彻底颠覆教室里的数学吧。

超展开数学教室，我们下学期见。

※

最后一个问题。1 分到 10 分，1 分是“就算我的偶像上数学课我也照睡不误”；10 分是“吃饭时会在搜索引擎窗口里输入‘数学’‘趣味’等关键词，寻找文章配饭吃”；5 分是“解出一道数学题目时嘴角会微微上扬”。希望你能告诉我，看这本书前你是几分；看完后，你又是几分？

TURING
图灵教育

TURING
图灵教育